论道德和政治的无礼

De l'insolence: Essai sur la morale et le politique

[比] 米歇尔·梅耶 著
史忠义 译

辽宁人民出版社

版权合同登记号图字06-2017年第210号

图书在版编目（CIP）数据

论道德和政治的无礼／（比）米歇尔·梅耶著，史忠义译.—沈阳：辽宁人民出版社，2017.6

（哲学的叩问译丛）

ISBN 978-7-205-09052-4

Ⅰ.①论… Ⅱ.①米…②史… Ⅲ.①礼貌—研究 Ⅳ.①B824.5

中国版本图书馆CIP数据核字（2017）第154743号

论道德和政治的无礼
De l'insolence: Essai sur la morale et le politique

版权所有　侵权必究

出版发行：辽宁人民出版社	
（地址：沈阳市和平区十一纬路25号　邮编：110003）	
联系电话：024-23284320 / 010-88019650	
传　　真：010-88019377	
E - mail：fushichuanmei@mail.lnpgc.com.cn	
印 刷 者：北京时尚印佳彩色印刷有限公司	
经 销 者：各地新华书店	
幅面尺寸：130 mm×196mm	字　　数：121千字
印　　张：6.875	印　　数：1～3000
出版时间：2017年6月第1版	印刷时间：2017年6月第1次印刷
责任编辑：凌　之	责任校对：王洪强
装帧设计：大名盛世	责任印制：高春雨
如有质量问题，请速与印务部联系　联系电话：010-88019750	

ISBN 978-7-205-09052-4

定价：42.00元

此书1997年获比利时王家科学院奖

Originally published in France as :

De l'insolence : essai sur la morale et le politique

by Michel Meyer

© Editions Grasset & Fasquelle, 1995.

Current Chinese translation rights arranged through Divas International, Paris 巴黎迪法国际版权代理

几年前，当我在德国时，有一天，我在一个钢笔商的橱窗前停下来，他正在展销各种法国的老牌子。我走进商店询问其中之一的价格。销售商掷地有声地回答我："啊，您更应该买一支勃朗峰牌，这是德国笔，质量要好得多。"我稍感震惊，不由自主地用我最好的德语回答他："您说的完全对，另外，您为什么还用勃朗峰这样一个地道的法语名来称呼它们，而不干脆直接说魏斯贝格钢笔呢？"从我的对话者吃惊的神色中，我应该发现，在他看来，很明显，我什么也没弄懂……

目　　录

克己复礼与无礼的对立（译者序一） ············· 1
论中西早期普遍主义的哲学基础及其对世界文明观的
影响（译者序二） ······························· 8

导　语 ··· 24

第一章　政治的生成与无礼的起源 ··············· 30
　一、社会纽带的建立 ··························· 30
　二、牺牲与象征思想 ··························· 37
　三、礼仪或如何驯服根本的差异 ················· 40
　四、双重无礼或概念的双重价值：权力与神圣 ····· 46
　五、结论 ····································· 54

第二章　无礼剧目 ······························· 57
　一、从喜剧到木偶新闻 ························· 57

二、从喜剧性到喜剧：希腊人相信过他们的
　　无礼吗？ ……………………………………………63
三、基督教与无礼：愚人节与自然回归的威胁 ………77

第三章　西方无礼的两大文学原型：
　　　　《李尔王》和《唐璜》，滑稽小丑
　　　　与领主 ……………………………………………87

一、从愚人到滑稽小丑 …………………………………87
二、滑稽小丑与领主 ……………………………………91
三、李尔王 ………………………………………………94
四、唐璜或完全的无礼 ……………………………… 100
五、自然与文化之间的无礼 ………………………… 122
六、无礼与布尔乔亚世界的到来
　　（维克多·雨果的《国王取乐》）………… 126
七、领主、资产者和知识人 ………………………… 132

第四章　知识分子与历史，历史中的
　　　　知识分子 ……………………………………… 133

一、思想是无礼的吗？ ……………………………… 133
二、社会性的三个层面 ……………………………… 136
三、知识分子与社会能动性 ………………………… 161
四、知识分子的无礼：在臣服与反叛之间 ……… 176

第五章　现代性与无礼 …………………… 182

一、现代性的遗产 …………………………… 182

二、已构成的自由与建构性自由 …………… 189

三、好的无礼与坏的无礼 …………………… 191

四、严肃精神 ………………………………… 195

五、无礼的目的 ……………………………… 199

结　论 ……………………………………… 207

克己复礼与无礼的对立
（译者序一）

梅耶先生在《论道德和政治的无礼》这部著作里给我们介绍了西方文化的一种传统现象，或者更准确地说欧洲拉丁文化范畴的一种文化传统，这就是无礼。梅耶详细介绍了无礼现象与社会纽带之建立之间的关系，介绍了无礼现象在不同时代的主要表现形式、无礼概念与无礼形象的演变过程、好的无礼与坏的无礼的价值区别、知识分子的无礼者角色、现当代社会氛围对无礼作用的影响、主要思想潮流和自由民主与无礼的关系以及无礼如何在当代发挥其积极的社会作用。梅耶还特别分析了无礼的两大文学原型。关于西方文化的这一传统，由于梅耶全书都在讲这种传统，本文就不赘述其要点了。

一个非常有意思的现象是，中国思想文化史的传统恰恰与之相反，这就是大名鼎鼎的克己复礼传统。最著名的文本当然就是孔子与颜渊对话发挥克己复礼为仁的那个文本了。从文化风格上来说,西方的无礼传统幽默、草根,基本上是社会下层的文化,有时候带有狂欢文化的特点;而中国的克己复礼则是官方的口吻、古板,道德思想风味浓厚,居高临下,很难找到这方面有幽默特色的文学原型,我们能看到的文章几乎都是刻板的道德文章。

对克己复礼的解释,不同的时代会有不同的理解。朱熹的解释就与孔子差别很大。让我们先看看孔子的原文:

颜渊问仁。子曰:"克己复礼为仁。一日克己复礼,天下归仁焉。为仁由己,而由人乎哉?"颜渊曰:"请问其目。"子曰:"非礼勿视,非礼勿听,非礼勿言,非礼勿动。"

颜渊曰:"回虽不敏,请事斯语矣。"

这段话的要点是:一切都照着礼的要求去做,这就是仁。实行仁德,完全在于自己。克己复礼的具体内容是,不合于礼的不要看,不合于礼的不要听,不合于礼的不要说,不合于礼的不要做。

子曰:"周监于二代,郁郁乎文哉!吾从周。"即这段话明确宣告,孔子所遵从的礼仪是周朝的礼仪,这是毋庸置疑的。他对季孙氏用八佾舞于庭院这种典型的破坏周礼的事件表现出极大的愤慨,"是可忍孰不可忍"一句,反映了孔子对此事的基本态度。在孔子的思想中,周礼是根本不可更动的，从井田到刑罚，从音乐到酒具，周礼规定的一切都是尽善尽美的，甚至是神圣不可侵犯的。在这里，孔子慨叹当今事物名不符实，主张"正名"。尤其是孔子所讲，现今社会"君不君，臣不臣，父不父，子不子"的这种状况，是不能让人容忍的。

孔子把周礼视为天道。孔子曰："天下有道，则礼乐征伐自天子出；天下无道，则礼乐征伐自诸侯出。自诸侯出，盖十世希不失矣；自大夫出，五世希不失矣；陪臣执国命，三世希不失矣。天下有道，则政不在大夫。天下有道，则庶人不议。"用现代话说，就是"天下有道的时候，制作礼乐和出兵打仗都由天子作主决定；天下无道的时候，制作礼乐和出兵打仗，由诸侯作主决定。由诸侯作主决定，大概经过十代很少有不垮台的；由大夫决定，经过五代很少有不垮台的。天下有道，国家政权就不会落在大夫手中。天下有道，老百姓也就不会议论国家政治了"。这里的"天下无道"，一指周天子的大权落入诸侯手中，二指诸侯国家的大权落入大夫和家臣手中，三指老百姓议论政事。对于这种情况，孔子极感不满，认为这种政权很快就会垮台。他希望回到"天下有道"的那个时代去，政权就会稳定，百姓也相安无事。

当卫国国君要孔子去治理国家时，孔子首先提出了"正名"原则，并由此引出"名不正则言不顺，言不顺则事不成，事不成则礼乐不兴，礼乐不兴则刑罚不中，刑罚不中则民无所措手足"的著名论述。"正名"是孔子"礼"的思想的组成部分。正名的具体内容就是"君君、臣臣、父父、子子"，只有"名正"才可以做到"言顺"，接下来的事情就迎刃而解了。所以，当齐景公问孔子如何治理国家时，孔子对曰："君君、臣臣、父父、子子。"他坚信，恢复这样的等级秩序，国家就可以得到治理。这是孔子克己复礼的一些基本内容。

朱熹解克己复礼，其言曰："克是克去己私。己私既克，天理自复，譬如尘垢既去，则镜自明；瓦砾既扫，则室自清。"又曰："克己复礼，间不容发，无私便是仁。"又曰："天理人欲，相为消长，克得人欲，乃能复礼。"又曰："敬如治田灌溉，克己如去恶草。"王阳明顺着朱子的思路继续说："去山中贼易，去心中贼难。"克己就是要灭此心中之贼。礼对人生行为，具有指导、节制、综贯、衡断诸作用，而能促进人与人间关系之圆满，有礼便是行仁，孔子之以礼为教，可见其由来。朱熹以及其他理学家的阐释，把"克己复礼"上升为某种普遍的哲理，提升了孔子的思想。这与两人所处的时代都是乱世有关，他们都希望社会安定下来，都有实用主义的思想，所以朱熹进一步提升了孔子的思想。

其他关于克己复礼的解释还很多，不一而足。

笔者以为,无礼现象是任何文明都少不了的一种现象。它在中华文化的发展中虽然不是主流传统,但肯定是存在的。那么我们感兴趣的是,哪些文学作品可以视为无礼现象的原型作品,它们又张扬了哪些形式的无礼现象呢?

其实,我们的四大名著都张扬了无礼现象。《水浒传》张扬的是"逼上梁山"、除暴安良、替天行道的壮举形象。北宋末年,朝政腐败,官逼民反,民不得不反。但是,小说又名《忠义水浒传》,这里的"忠义"一词应该是多义的,一个基本的意思是,替天行道的壮举原本就是"忠义"行为,它具化为众多栩栩如生的人物形象;另一个意思是,宋江的接受招安改变了一切。无礼与克己复礼两种思想一直在进行斗争。《西游记》张扬的是大闹天宫的无礼思想。孙悟空有七十二变的本领,他惩恶扬善的心从未改变,虽然屡受唐僧的冤枉,但并不因此厌恶唐僧,也一直恭恭敬敬地保护唐僧,非常忠实。

最著名、最有分量的《红楼梦》张扬的是叛逆的无礼思想。它塑造了两个叛逆人物,他们"一个是阆苑仙葩,一个是美玉无瑕。若说没奇缘,今生偏又遇着他;若说有奇缘,如何心事终虚化?一个枉自嗟呀,一个空劳牵挂。一个是水中月,一个是镜中花。想眼中能有多少泪珠儿,怎经得秋流到冬尽,春流到夏"!可以说,贯穿《红楼梦》的主导思想就是一种叛逆的无礼思想。《红楼梦》不只描写了一个封建贵族家庭由荣华走向衰败的三代生活，而且大胆地控诉了封建贵族阶级的无耻和堕落，指出他们的种种虚伪、欺诈、贪婪、腐朽和罪恶。它不单指出这一家族的必然崩溃和灭亡，也暗示了这一家族所属的阶级和社会的必然崩溃和灭亡。曹雪芹笔触下所创造和热爱的主人公是那些敢于反叛那个垂死的封建贵族阶级的贰臣逆子；所同情悼惜的是那些封建制度下的牺牲者；所批判和否定的是封建社会的虚伪道德和不合理的社会制度。一边是木石前盟，一边是金玉姻缘；一边是封建社会下必须追求的功名光环，一边是心驰神往的自由之身。曹雪芹笔下的《红楼梦》为我们展现了这场无声的较量。贾宝玉和林黛玉的悲剧爱情故事浓缩了这场较量的全部硝烟，面对封建礼教下的种种迫害和冷漠，甚至以生命的付出为代价，质本洁的追求始终不弃。我们感叹宝、黛二人爱情悲剧的时候，看到了造成悲剧的一个重要因素：林黛玉清高的个性，她的个性与当时的世俗格格不入，无法与社会"融合"，她的自伤情结正是她自尊的体现，也是她悲剧的开始。林黛玉葬花的情节，是她个性体现的焦点所在。她的自伤、自尊、自怜在她的《葬花词》中袒露无遗："花谢花飞花满天，红消香断有谁怜？""一年三百六十日，风刀霜剑严相逼，明媚鲜妍能几时，一朝飘泊难寻觅。花开易见落难寻,阶前闷杀葬花人,独倚花锄泪暗洒,洒上空枝见血痕。""愿奴胁下生双翼,随花飞到天尽头。天尽头,何处有香丘?未若锦囊收艳骨,一抔净土掩风流。质本洁来还洁去,强于污淖陷渠沟。尔今死去侬收葬,未卜侬身何日丧?侬今葬花人笑痴,他年葬侬知是谁?试看春残花渐落,便是红颜老死时。一朝春尽红颜老,花落人亡两不知。"但这首《葬花词》的整体又透露着坚强不屈的无礼思想。

《三国演义》的主导思想是忠君思想,是克己复礼的思想,其中却塑造了几个无礼思想颇具典型意义的人物,如白脸奸臣曹操,如"路人皆知其谋反之心"的司马昭等,他们体现的是封建阶级内部争权夺利斗争的缩影。

因此,好的无礼与坏的无礼的区分非常重要。简言之,前者追求和代表的是社会的正能量,后者追求和代表的是社会的负能量,不能一概而论。

论中西早期普遍主义的哲学基础及其对世界文明观的影响
(译者序二)

【摘要】中国早期"和"的普遍主义思想容易孕育出"文明和平共处论"和"文明互补论"的思想。而西方早期的先验形而上学的宇宙观和斯多葛学派的世界主义容易导致世界的冲突思想。基督教教义这种普遍主义拥有浓厚的世界末日思想、千年至福思想、个体善与恶的冲突思想、人类内部的文明冲突思想、天与地两个"城邦"的冲突思想和文明史的轮回思想。对不同文明之间的关系的看法显然与对人性的看法相关联。"性本善"是儒家的正统思想,而撒旦形象和英国哲学家霍布斯的性恶论在西方现代社会的发展中产生了普遍深刻的影响。自由市场经济的观念及其实践下人性恶的一面容易萌发和膨胀。自以为西方文明优于其他文明的一些西方学者很容易滋生出"文明冲突论"的思想和某些民族是野蛮民族的思想。

"和"是中国早期的普遍主义的思想形式之一。❶自西周以来，这一思想滥觞于《易经》。学术界多以为从这部卜筮之书中提炼其哲学思想是很难的。但成书于战国年代的《易传》十篇概括了《易经》的思想精髓。"保合太和"被概括为《易经》的基本思想。《易经·彖》中说："大哉乾元，万物资治，乃统天❷。云行雨施，品物流形❸，大明终始❹，六位时成❺，时乘六龙以御天。乾道变化，各正性命，保合大和❻，乃利贞❼。首出庶物❽，万国咸宁。"❾这种普遍主义的哲学根基是什么？《易经》其书和历代学术界都张扬其天人感应思想。笔者则以为《易经》的哲学基础是朴素的辩证唯物论思想。因为感应的前提和结果是感物，而感物加上《易经》通体都在阐述的变

---

❶ 笔者以为，"道""仁"和"和"都是中国先秦时期的普遍主义思想概念，只是我们没有这样阐释过。
❷ "十三经"中王弼注，以为所统者为天下一切事物。
❸ 品物指各类事物。
❹ 乾元彻底明了万物之终始，明了自然律则的运作。参见"十三经"中孔颖达（574～648）疏之《周易正义》卷一。
❺ 六爻依不同的时位构成其卦。
❻ 太和元气。
❼ 利于贞固其体。
❽ 始生万物。
❾ 转引自陈荣捷编著：《中国哲学文献选编》，凤凰出版传媒集团/江苏教育出版社2006年版，第240页。

化的思想，构成朴素的辩证唯物论思想的基本内核。❶

《易经》之后，儒家和道家都阐述了"和"的普遍主义思想。儒家倡导仁政，仁政的实质是和，即达到人与自然、人与人的和谐。孔子弟子有若在《论语·学而篇》中曾说："礼之用，和为贵。"意思是说，礼的最大价值在于建立和谐。从孔子的时代来看，他的和（仁）这种普遍主义的思想的主要根基源自他的政治思想。把孔子中和思想阐释得很透彻的是他的孙子子思。据说子思是《中庸》的作者。子思在《中庸》篇中说："中者，天下之正道；庸者，天下之定理。""中也者，天下之大本也；和也者，天下之达道也。致中和，天地位焉、万物育焉。"这里的"中"指的是中心之中，"庸"则指普遍与和谐。前者指向了人性，人性由天道赋予，但只有在中和的状态中，才能显现出来。中和是天下之"大本"与"达道"，是宇宙的基本形态，也是人达道的基本形态；喻人性是和谐的，宇宙也是和谐的，人与宇宙一体。在子思这里，中庸和中和本身既是他的普遍主义思想的形式，也是其哲学根基即宇宙观和人性观本身。

老子在《道德经》里曾经说过："道生一，一生二，

---

❶ 笔者以为，辩证唯物论的概念是马克思和恩格斯提出的，但辩证唯物论的朴素思想早就存在。

二生三，三生万物。万物负阴而抱阳，冲气以为和。"（第四十二章）"冲气以为和"是指阴阳两气交合而成的一种均匀和谐的状态。老子这里的普遍主义首先还是一种宇宙观。在老子的哲学里，唯有经由静，道才能彰显。这与《易经》和后来新儒家的思想是相反的，《易经》和新儒家都主张只有经由动，天地之心乃可得见。《道德经》第十六章云："致虚极，守静笃。万物并作，吾以观复。夫物芸芸，各复归其根。归根曰静，静曰复命，复命曰常，知常曰明。不知常，妄作凶。知常容。容乃公，公乃全，全乃天，天乃道，道乃久。没身不殆。"这里表现了一种愿望：在虚静中理解道的全貌，只有在虚静中，万物才会各复归其根，物与物之间的联系，万物与道之间的联系才会本真如实地呈现出来。当我们知道什么是世界正常和正当的面貌以及什么是人类正义和应当的生活时，才会在维护世界正常和正当的面貌中，在遵行人类正义与应当的生活中，使自身与整个外部世界协调一致、和谐统一；当人们在这样和谐统一的状态下生活和生存时，其终生都是幸福的。这样，老子的宇宙观里就增加了普遍主义的生存观和幸福观。

庄子对其宇宙观的论述更透彻，其中也蕴涵着他的和的普遍主义。庄子在《大宗师》里说：

论道德和政治的无礼

夫道，有情有信❶，无为无形；可传而不可受❷，可得而不可见；自本自根，未有天地，自古以固存；神鬼神帝❸，生天生地；在太极之先而不为高，在六极之下而不为深，先天地生而不为久，长于上古而不为老。豨韦氏❹得之，以挈天地❺；伏羲氏❻得之，以袭气母❼；维斗❽得之，终古不忒❾；日月得之，终古不息；堪坏❿得之，以袭⓫昆仑；冯夷⓬得之，以游大川；肩吾⓭得之，以处大山⓮；黄帝得之，以登云天；⓯ 颛顼⓰得之，以处玄宫⓱，禺强⓲得之，立乎北极；西王母得之，坐乎少广⓳，莫知其始，

---

❶ 有情有信，真实而可考信。
❷ 可传递而不可接受。一云"受"与"授"通。一云当作"可受而不可传"。
❸ 赋予鬼神及统治者神灵莫测之力量。
❹ 传说中的先王。
❺ 以挈天地，整治宇宙。
❻ 传说中发明八卦的先王。
❼ 气母，物质力量之源。
❽ 维斗，北斗。
❾ 不忒，不出差错。
❿ 堪坏（pēi，胚），昆仑山神。
⓫ 袭，进入。
⓬ 水神、河神，亦称河伯。
⓭ 泰山神。
⓮ 大（tài，太）山，泰山。
⓯ 传说黄帝在首山采铜，在荆山铸鼎。鼎成，有龙垂在鼎上迎接黄帝，于是黄帝和臣妾七十二人，乘云驾龙，登天化仙。
⓰ 黄帝之孙，传说他得道后成为北方帝，又称高阳氏，古代五帝之一。
⓱ 玄宫，北方帝宫。
⓲ 传说也是黄帝之孙。
⓳ 西方空虚界之名。

莫知其终;彭祖❶得之,上及有虞,下及五伯❷;傅说❸得之,以相武丁,奄❹有天下,乘东维❺,骑箕尾❻,而比于列星❼。

庄子的《齐物论》表述了事物不仅相对且为同一的思想,因为相对的总是相生相涵,彼此玄同,因此也同是有限的系列,而无限之有限构成"和"的无限。❽这种思想是很深刻的。庄子对黄帝的赞赏,也体现了这种思想。庄子认为最有智慧的人,是上古洪荒时期的黄帝。黄帝"奚旁日月,挟宇宙,为其吻合❾,置其滑涽❿,以隶相尊⓫。众人役役,圣人愚芚,参万岁而一成纯⓬。万物尽然,而以是相蕴⓭"。

---

❶ 在中国以长寿闻名之人。
❷ 有虞,舜的时代。五伯(bà,霸),即五霸:齐桓公、晋文公、秦穆公、楚庄王、宋襄公,分别为春秋时的霸主。
❸ 傅说(yuè,悦),传说殷代贤臣。他原是在傅岩从事版筑的奴隶,后被殷高宗(武丁)任用为相,治理天下。傅说死后,其精神升天,乘骑在东维、箕尾两星之间,与众星并列。
❹ 奄,才。
❺ 东维,星座。
❻ 箕尾二十八星宿之一。
❼ 与列星比肩,比肩而立。引自曹础基:《庄子浅注》,中华书局2000年版,第93~94页。
❽ 曹础基:《庄子浅注》,中华书局2000年版,第22~24页。
❾ 与万物合为一体。
❿ 将其纷乱弃置一旁。
⓫ 尊崇仆夫。
⓬ 糅合千万年之杂,成一精纯之体。
⓭ 彼此相蕴合。这段话亦出自《齐物论》。转引自曹础基:《庄子浅注》,

宋代新儒学对儒家的仁政做了最广泛的延伸,把仁义变成了宇宙观。张载在《西铭》中为仁建立了最宏阔牢靠的哲学基础。程明道予以继续发挥:"学者须先识仁。仁者,浑然与物同体。"又云:"仁者以天地万物为一体,莫非己也。"(均《遗书》二上)此思想以后影响甚大,程氏门人杨时以天地一体言仁,其一例也。及至王阳明(王守仁,1472~1529)之《大学问》,天人一体之说乃达高峰。阳明子曰:"大人者,以天地万物为一体者也。……大人之能以天地万物为一体也,非意之也,其心之仁本若是。……明明德者,立其天地万物一体之体也;亲民者,达其天地万物一体之用也。"所谓亲民,即亲亲而仁民,仁民而爱物之谓。以至不特亲吾之父兄以及天下人之父兄而为一体,而且与鸟兽草木瓦石皆为一体。故由明明德以至齐家治国而平天下,其一体乃步步实现,逐渐圆成。此是理学家天人合一之正传。至此,仁不仅是政治思想,也是宇宙观。朱熹则建议用天人一体的表述方式。

笔者以为,这种建立在唯物辩证基础上、建立在天人一体思想基础上、与宇宙观捆绑在一起的和的普遍主义,对于世界文明间的态度必然持**"文明和平共处论"**。20世纪50年代,周恩来与印度尼赫鲁共同提出的国与国之间交

中华书局2000年版,第36页。

往中应遵循的和平共处五项原则，即是这种"文明和平共处论"的体现。我们从华夏传统这种普遍主义中还可以推演出**"文明互补论"**，意谓世界上各种文明之间必然有很多差异，但这些差异不应成为"文明冲突论"的论据，世界上各种文明之间是互补的。

公元前4世纪以前，古希腊的普遍主义思想主要表现为柏拉图在《高尔吉亚篇》和《理想国》里确定的一种宇宙观，即天地统一和人神统一的思想。柏拉图在《高尔吉亚篇》里认为它是宇宙秩序、政治秩序、法律秩序、科学秩序和人类秩序的源头。我们曾经说过，**这种普遍主义的哲学根基是先验形而上学，后者分别指当时毕达哥拉斯的数本原论、柏拉图的理念论和实际已经存在的上帝创世说。以这种先验形而上学为哲学根基已经说明，柏拉图式的普遍主义存在对冲突的极大恐惧，否则就不会借用这些极端力量来吓唬人类了**。柏拉图在《理想国》里就批评过政治领域个人主义的无政府主义的放任自流性质的衍生品和变异现象，指责它们忘记了总体利益主导个别利益的原则。民主忘记了法律、公共利益即正义的普遍性，雾化并让位于各种各样的破坏因素，然后毁灭了雅典城邦。正是这些东西夺走了它的和谐、活力并很快夺走了它的生命。

希腊化时代改造了希腊遗产并把它传播到地中海世界之外，因为小亚细亚、美索不达米亚、伊朗、迦勒底从此构成了它的版图。这是一个文明的双重运动：一方面，向东方输出；另一方面，新老文明的融会产生一种新的文明，随之在西方传播。亚历山大帝国不仅奠定了一个幅员辽阔的新的地域国家的基础，也奠定了一个新王朝和一种新文明的基础，使遥不可及的东西如在眼前。期间，政治的衰退成就了"商务"（贸易、银行、交易），古典时代的"公民"逐渐让位于"商人"或"学者"。一种体现世界主义精神的哲学将从众多途径展开，赋予这些变化某种可读性和意义。

公元前306年，萨摩斯人伊壁鸠鲁在雅典创立了学苑。伊壁鸠鲁的强烈愿望就是让学苑的成员们远离政治生活，他认为政治生活本质上是混乱和各式各样无谓忧虑的源泉。"伊壁鸠鲁革命"大概就在于这种远离公共生活的态度，把它作为和平和幸福的条件，其幸福观建立在伦理生活规范即非政治的乐趣之上。这大概是一种个人主义的思想。奇怪的是，这种个人主义思想的哲学根基却更接近唯物论。伊壁鸠鲁《致希罗多德的信》（*Lettre à Hérodote*）概括了他的物性论思想，出现在这封信里的同一形象（§37和82-83）不具有柏拉图的eikôn（灵魂）独特的渐弱性。伊壁鸠鲁的形象恰当地反映了真实。它不指意任何其他东西，例如超感性的东西。Galènismos表示灵魂平和、清澄的平衡状态，表示饱满状态（第欧根尼·拉尔修，X，83）。远离政治生活是接近这些状态、获得它们、延续它们的条件之一。作为幸福生活的原则，快乐（hédonè）同时会齐并区分所有事物。这种新的道德观（philia）首先是伦理纽带，其次是社会纽带，它宣扬对直接和当地公共生活参与方面的缺失。追求自足和不动心境界的伊壁鸠鲁式禁欲首先确立这种超然世外的态度。

物性论既向宇宙及其根本规律开放，同时也向伦理学开放。当鲁克瑞提乌斯（Lucrèce）的《自然论》❶（*De Natura Rerum*）向"圣人"（"divin"）伊壁鸠鲁及其"金玉良言"（"paroles d'or"）顶礼膜拜时，他强调说，由于他，由于他的物性论，精神上的恐惧被驱散，我们世界的阻隔被拆除（III, v. 15-17）。伊壁鸠鲁的宇宙论和神学解放了人们，照亮了他们并使他们安静。

毋庸置疑的是，存在某种伊壁鸠鲁式的世界主义。四海之内皆兄弟，他们都在追求幸福。这是伊壁鸠鲁个人主义的两面性。

据博学者说，❷犬儒学派的世界主义对斯多葛学派的

---

❶ 鲁克瑞提乌斯（Lucrèce，通译为卢克莱修，现据陈中梅先生改译为鲁克瑞提乌斯）：《自然论》, Les Belles Lettres, 1968, traduction Alfred Ernout, 1968 (1re édition, 1966)。

❷ 《前期犬儒主义及其延伸》（Le Cynisme ancien et ses peolongements）, sous la direction de Marie — Odile Goulet — Cazé et Richard Goulet, PUF, 1993 (Actes du Colloque international du CNRS, Paris, 22 — 25 juillet 1991) : John Moles, "Le

世界主义的影响远远超过我们今天的想象。甚至可以说，斯多葛主义是"经过许多锤炼之后的丰富的犬儒主义"。来自北海的西诺普人第欧根尼·拉尔修在《杰出哲学家的生平和学说》第六卷把犬儒学派（第欧根尼）与斯多葛学派（第欧根尼的弟子克拉忒斯）归结到相同的苏格拉底主义者安提斯德奈斯源泉，**由类似的道德观和政治思想的思维体系联系在一起**。克拉忒斯是泽农（芝诺）的老师，斯多葛主义的创始人和已经失传的具有浓郁世界主义色彩的《政治篇》（*Politeia*）一书的作者。普鲁塔尔科斯在《论亚历山大时代的财富》（*De Fortuna Alexandri*, 329 a-b）一书中告诉我们，根据这个文本，"（1）我们不应该区分为城邦和民族，每家按照自己的正义标准生活，而应该把所有人都看做自己的同胞和公民，以一种方式，在唯一的世界屋檐下生活，就像一群牲口在共同的法制管理下在同一牧场一起吸收营养。（2）泽农写下这些文字，描绘了代表美好哲学立法和哲学共和国的理想图景或形象"。

"唯一真正的公民性是应用于世界的公民性"（《杰出哲学家的生平和学说》，VI，63和72），第欧根尼喜欢这样承认公民性，他有意说自己"没有城邦（*apolis*）、没有家（*aoikos*）、没有祖国（*patridos esteremenos*）、乞讨

Cosmopolitisme cynique", pp. 259 – 280.

(*hetôkhos*)、流浪(*planètès*)、得过且过(*bion ekhôn touph hémeran*)"(《杰出哲学家的生平和学说》,VI,38)。他把城邦作为一种"违反自然"(*paraphusin*)的实体而抛弃。这个时代无疑更崇尚国际思想或全球思想,超过了对出生国或隶属国的钟爱。第欧根尼自我标榜的流放意味着自由(*eleutheria*)。城邦封闭、异化人的生命活力并使之萎缩。整个地球是犬儒人的居所!(《杰出哲学家的生平和学说》,VI,98,93)唯有宇宙空间才配得上他的真正的衡量尺度。有意选择的贫穷是真正的财富,脱离了一切和所有人,是自由生活的条件,是对政治生活的放弃,是进入世界境界的必然支撑。

如果说伦理方面接受同化,教义方面却是分离的。斯多葛学派的世界主义以物理学、神学和泛神论的世界观为参照系,内在里依赖这些学理。公元前3世纪泽农在雅典的继承人克利安西(Cléanthe)的《宙斯颂》(*L'Hymne à Zeus*)是这方面的最早文本,是相对于犬儒主义和伊壁鸠鲁主义斯多葛特色的机枢。一个理性的神向世界吹来它的秩序、生命和规律,吹来每个人和所有人的位置,吹来最小物与最大物的位置。经过火洗礼的宇宙间的逻各斯是善、正义和比例和谐的恰当性的原则,成为注目和模仿的真善美的楷模。它把一切都按天命的因果性和必然性联系起来。一切围绕着它孕育,一切依赖于它,一切回归于它,且永不停息。有着众多称谓的神界逻各斯和人间逻各斯构成一个不可分离的独特整体,疯狂的人们有时竟至于不自量力,想打破这种统一。

斯多葛学派的交替观是明显的。或者是脱缰野马式之偶然的混乱,或者是神明之仁慈掌控着事物的公平分配?(《思想集》,XII,14和X,6)原子或大自然?碎片化的整体或"普遍化的感应"?简而言之,伊壁鸠鲁主义或斯多葛主义?或者无限的宇宙论或有限的宇宙论?或者不可企及的神灵对我们的命运和遭际无动于衷,或者以"自然神论"(*Deus sive Natura*)方式出现的某种泛神论发现一切皆有神性?这说明,斯多葛学派的世界主义对世界的冲突是担心的。

西方早期的最后一种普遍主义的思潮是影响直至今日的基督教教义。基督教教义以耶稣为榜样,主张把最独一无二的个性纳入世界主义的胸怀;并且认为只有基督教精神有能力把最丰富最独特的个性与具体的普遍性统一起来,全世界所有的人没有任何区分地受到呼吁,被呼吁参与这种具体的普遍性。基督教建立之前的古希腊人和古罗马人未能够提升这种世界主义型的伦理个体性,唯有奥古斯丁(Augustin)公元5世纪时懂得在《论公民》(*Civitas Dei*)中阐明这种世界主义的神性精神。天和地这两个"城邦"受到呼唤,呼唤它们从天职出发相互渗透直至世界的末日，而非对立或交战。唯有基督教的"公共"利益（la *res publica christiana*）在其自身中包含了世界主义的个体意识与公民性的不可分割的结合。真正的"世界主义"的城邦本质上是神性的和宗教的。它试图建立的"目标控制"包括人的独特性和呼吁超越这种独特性的普遍性，以期建立"神秘的人体"（le *corpus mysticum des êtres*），他们拥有理性并统一到对"人—神"的同一信仰。

然而基督教教义这种普遍主义拥有浓厚的世界末日思想、千年至福思想、个体善与恶的冲突思想、人类内部的文明冲突思想、天与地两个"城邦"的冲突思想和文明史的轮回思想。这些思想与古希腊的先验形而上学的思想根基基本上是一致的，只不过更严重而已。而且这种普遍主义具有强烈的扩张思想。近年来的世界末日论、文明冲突论以及西方国家在世界上的一些作为，说到底，乃是它们的世界观和宗教观的体现。

对不同文明之间的关系的看法显然与对人性的看法相关联。1988年暑假，我与同事马新民在瑞士洛桑的一家工厂一边打工，一边聊天。我们当时曾谈道，中国人把人看得很善良，一切都疏于防范；而西方人把人看得很坏，所有的规章制度和防范措施都设想你在没有防范措施的条件下一定会干坏事。最近讨论时有学者提出，其实中西方思想界都曾谈论人性善和人性恶的问题。笔者则以为，从这些共性再继续挖掘,就可看出中西方一些深层的差异。荀子的"人之初,性本恶"并没有成为儒家的正统思想,而真正在中国思想界产生深远影响的还是孟子的"人之初,性本善"的思想。而撒旦形象和英国哲学家霍布斯的性恶论在西方现代社会的发展中产生了普遍深刻的影响。霍布斯的性恶论是很极端的。

还有一个很实际的原因是,西方在"理性"思想支撑下的自由市场经济观念及其实践。自由市场经济观念及其实践下人性恶的一面容易萌发和膨胀。西方的自由市场经济观念及其实践已经有三百多年历史了,他们对人性恶的一面的认识一定比我们深刻,防范也一定比我们早,比我们严格;自以为西方文明优于其他文明的一些西方学者很容易滋生出"文明冲突论"的思想和某些民族是野蛮民族的思想。

【译者说明】

下面是拙文完成后一次讨论时笔者发言的要点,也附在这里。

1. 北非一些国家旧有的独裁或半独裁统治结构是这些国家发生内乱、人民反对独裁统治、独裁统治自身遭遇灭顶之灾的内因。

2. 北约对利比亚持续数月的轰炸使我们看到未来资源

争夺战的缩影，未来这类威胁的张力增大。

3. 现在有一种说法，叙利亚之后，西方国家和北约将以类似的方式颠覆中国。笔者以为，西方国家和北约没有这种能力。小布什在搞垮萨达姆政权时打了伊拉克和阿富汗两场战争，落下14万亿美元的债务包袱，使昔日的超级大国风貌不复存在。欧洲人的自负使他们开始了一个"负债经济"时代。欧洲人现在被债务危机搞得焦头烂额，无暇自顾。

4. 中国有能力、有条件，也有信心继续保持经济平稳较快发展，推动自身经济发展再上新台阶，并为推动实现世界经济强劲、可持续增长作出新的贡献。自2007年大连开始主办夏季达沃斯论坛以来，中国对全球经济增长的贡献相当于七国集团的总和。美国和欧洲的经济复苏和发展需要中国。

5. 中国未来主要应解决两个问题：一是各级执政者问心无愧地做人民公仆，这是他们对人民共和国作出真实贡献的机遇；一是成功解决社会主义核心价值与市场经济的磨合问题，这是确保中国处于和谐稳定发展进程的基础。

导　语

无礼是拥有美德之人不太承受得起的一种美德。他们从中看到了对自己的某种怀疑,看到了他们相互给出的表象中的某种裂痕。因为无礼造成本是与表象之间的某种差距,它置疑那些在社会上极少受人置疑的人们。如今,人们对它还不如从前那样宽容。大概是因为西方社会在它们的传统等级上更紧缩了一步,希望以此更好地面对未来的挑战。不能重新置疑。每个人都担心能否保持他的位置里不乏对翌日的害怕,似乎是为了更好地夯实自己已占有的位置的基础。出格,这就是无礼;给起初仅仅是异乎寻常的面孔上张贴一幅独特的新面孔、一种差异,随后它才变成对所有循规蹈矩的其他人的某种真正的侮辱,这就是无礼。

异乎寻常(insolite)、侮辱(insulte)、无礼(insolence),这是词源用于同一题材的几个变化;Solere,习惯于;无礼,挑战习惯,挑战人们的行为习惯,挑战社会上已经确立的规矩。作为非习惯性行为的无礼因而就是异乎寻常的，于是就变得缺乏对应尊重事物的尊重，尤其缺乏对那些理应受到尊重的人们的尊重。超过令人惊异的异乎寻常，但又逊色于背道而驰的侮辱的强烈程度，无礼直面对象，然而是从内心直面的。这是行家里手的语言。所有那些使用讽喻手段的人们都对它了然于心。无礼就是这种中间语词，它用脑袋或自诩用脑袋瞄准发生腐烂现象的社会纽带。异乎寻常的人呆在外部，侮辱他人的人在其身上留下了痕迹；反之，无礼之人仅仅表现出了距离，看见真实并且敢于表述真实所必需的距离。权力机构在杀害苏格拉底和耶稣时很少弄错被杀害的对象。因为无礼之人在置疑那些自以为超越了任何回答义务的人们，有时宁肯冒着自己的生命危险。

社会性建立在本是与表象相适合的一种虚构的基础上。佩戴着将军肩章的人就是将军，拥有神甫表面标志的人就是神甫，这就是这些符号的目的，由此人们处于明证性的范畴内。权威性排除置疑，因为它恰恰是各种回答的源泉和基础。通晓者就是专家，他拥有这种美德。正因为如此，他才是某一问题的专家：他通过结束那些无用的辩论而显示出专家的气度，人们之所以咨询他，就是要达到这种效果。出于这种原因，人们把他称为某种权威。这种事确实是值得尊重的，因为这是一种权威；它展现了该领域的所有美德，提供各种好的解决方案。然而，提出好的问题也是一种美德,哪怕是为了让专家有权威地发表意见。作为对他人的询问,无礼展现了美德的所有特征,但是作为针对他者之美德的行为,它就变得不宽容它们了,即使在那些自称代表无礼的人们眼里,亦如此。

让我们回顾一下那些鼓励我们提问的人们,他们也恰好是压制我们提问的人,他们就是我们的父母和我们的师长。通过他们,我们当然知道了什么是自由,但也知道了什么是服从。谁不记得他的父亲操着这样的语气:"谁敢不回答他的父亲!"似乎是为了更加强调职位所禁止的全部内容?然而有时候,人们发现无礼仅仅在于存在的事实,在于差异,在于他的差异。对正义的渴望大概是最大的无礼。它超越语词和动作:它是一种真正的存在方式、一种旅程,是对自我的某种肯定,表达与其他人、与任何人的某种差异,是一种要求成为自身的呼声。无礼就是这种不能忍受他者的差异,这是完全的他者。它更重视他是谁而不是他做了什么:他是差异,而以这种身份,他使那些用其他人的身份滋养他们自己身份的人们显得很脆弱,其他人参与同样的游戏。犹太人或者土耳其人的成功,甚至他们的简单在场,都可能代表着某种无礼。但是,这种无礼最经常地表达为面对他人的精神独立或知性独立,表达为拒绝那些羡慕者的羡慕,后者以此追求对他们自身存在的肯定。通过这种拒绝,他们感到从镜鉴的束缚中被解放出来了，他们原本希望从镜鉴中找到仅靠他们自身所不拥有的坚实。无礼抛弃了人云亦云、廉价赞同和赞美的做法，粉碎这样的虚伪契约，揭露仅从表面上且仅短时间地使各种关联变得可以承受的某种社会虚构，恰恰因为这种虚构强加了某种顺从态度，一段时间之后看来这种顺从态度过于昂贵，而它因此就尤其显得论证不足。人们并不原谅无礼者：无礼者的罪行就在于他让我们感到了犯罪，没有做到自诩的那样，没能做到人们自以为可以做到的那样，这样就迫使人们假装，这些都是有罪的。唯有由人们以其身份和职位的相互认同所构成的某种现实，可以抵消并因而安慰那些失望的期望和无法忍受的种种差异。这当然要有下述条件，即其他人不通过夸张他们拥有人们所没有的所有优点，夸张他们放弃了人们本应放弃但没有真正做到的所有缺点，夸张他们虽然如此相似但却如此无礼所获得的成就，而破坏一切。从这个意义上说，无礼经常超过了对礼貌、礼节的某种侵犯，对保证安静因为它让人们各就其位的社会性的某种侵犯，对最好一以贯之的沉静状态的某种侵犯。因为他者越依赖这种社会纽带而存在，就越不能承受剥露其秕糠本相的无礼，因为"从世界的建立起"，就有一些基本的东西需要遮蔽。最终，唯有童年因其令人放心的低下位置，而拥有其可以宽恕的无辜。

　　这一切都明确地显示了，无礼这个词自1460年前后出现以来所经历的演变,当时它仅表示不同寻常和不同于习惯。只是过了大约两个世纪以后,它才变成了失礼和缺乏尊重的同义词。我们从中看到了投石党人之后关心奠定其权威性的一个重新归结于某种绝对君主政体的社会的标志。无礼只能变成下等人对上等人士的不尊敬。我们已经远离了中世纪由滑稽人和疯子所体现的极端自由主义的异乎寻常。如何来理解把无礼变成肯定某种与大众规范格格不入的差异、隐性地置疑他们的不敬这种简单现象的这种当代转化呢?不像别人那样做就变成了无礼,因为这显示了他们没有被别人羡慕;而人们之所以不羡慕他们,难道不是因为他们没有可羡慕之处,他们甚至是"错误的",亦即他们"不好"吗?事实上,在人们用"insolence"一词所表达意思的这种表面的语义转化的背后,且这种转化更多地是某种扩张而非真正的颠覆。我们发现了一种共同的要求,后者几乎成了一种定义:无礼旨在恢复真正的等级,旨在尊重那些超过表面差异而确立的真正的差异,旨在贴近事物的真相,以这种真相的名义,人就可以罔顾表象而找到他的全部力量。例如,对于路易十四而言,无礼者忽视了真正的差异,这些差异归根结底都集于他一身,他这个国王是所有其他差异的顶峰和基石。让我们想想自诩超人的富凯（Fouquet）❶，他的近乎皇家的奢华把他引入了牢房。反之，对于小资产者而言，无礼意味着对差异的肯定，这一定会被视为"不民主"，因为这种差异侵犯了大众内部的平等性，任何自尊自重的小资产者都从民众那里获得了自己的合法性，甚至获得了自己的精神运作。

这样，在无礼中就有某种同一性与差异的逻辑，这种逻辑是至关重要的，对于建立社会纽带以及对它的理解都是不可或缺的。

---

❶ 让·富凯，又译为让·富盖（Jean Fouquet, 1420？～1480？），15世纪法国绘画界的灵魂人物之一。他以宫廷肖像画和《犹太古史》及艾蒂安·雪弗莱的《祈祷书》等手稿的插画而著名。他的富有力量的现实主义肖像画的代表作有《查尔斯七世》和《朱万·德斯·乌尔辛斯》（Juvenal des Ursins）。

富盖先后在巴黎和意大利学习，直至1448年定居家乡图尔。他为法国宫廷工作，1475年成为法国国王的指定画家。——译者注

第一章　政治的生成与无礼的起源

当人们谈论无礼时，提出的问题是要弄清楚它是否一直存在且存在于任何地方。是什么东西使它成为社会建构的必要成分，哪怕是作为活塞，同时又被社会建构所抛弃呢？无礼是怎样产生的，而它又是怎样被引导的？无礼是对规范的颠覆，是规范的某种差距，犹如它们的真相，不退后、不保持一定的距离就无法言说，需要搁置一边，而这种搁置经常与群体的象征性凝聚背道而驰，那么群体的趋势就是牺牲任何差异以维护其自身的同一性。简言之，无礼与社会性是如何耦合在一起的？

一、社会纽带的建立

近三个世纪以来，人们一直在努力理解社会纽带的生成和政治的性质，用个体们自由签署契约，甚至放弃他们的某些权利的语词来解释。在现实中，从来没有任何人这样做过，上述思想就逐渐揭示为一种形象、一种假设甚至一种神话，旨在让人们抓住一个共同体里发生了什么使它能够作为一个同质的和比较和睦的群体而运转。那么它的同一性就取决于这种更多具有象征意义的契约性参与。

遗憾的是，这样一种社会契约的思想，作为思想，只不过是某种奠基性的神话，像其他神话一样。它并不打算解释它自己，而瞄准着解释别人。这是群体的和谐性和身份及其成员身份的某种操作者。那么需要某种思想以论证这种思想的想法是从何而来的？它难道不谈论它自己？事实上，像所有奠基性思想一样，社会契约的观念提起了下述问题，即弄清谁有权使群体身份合法化、表达这种身份、提出这种身份，甚至让人们尊重它的问题。这是法律的问题：谁是它的托管人？群体的立法者就是为群体建立身份证、规范、内部构成法的人。作为赋予整体某种合法性之人，他需要确立自己拥有履行这种职责的合法性，这至少是循环性的。自此，作为合法性之根基的立法者自己就显得不合法了；他陈述成员们的身份，但这样一来，自己却立足于他们之外、之上。他代表着差异，而他在建立群体身份的绝对性时甚至是排除差异的。立法者却是不合法的，意思是说，他可以使一切合法，但他自己例外，除非犯无限倒退或某种单纯权威性行为的错误。立法者仅仅因为把群体合法化的事实而把自己排除在群体之外，他代表着与每个人的差异，而他实际上却在定义什么是"每个人"。这样，立法活动如果不失去自我、不毁灭自我就无法自我合法化。立法者给予了根基，然而，在这种把他与所有其他人区别起来的位置里，谁来奠定他的合法性呢？他因而需要确立，就像任何基石一样，而这正是权威亦即权力的作用。起初，人们还远离现代意义上的权力，即使那里也有某种优越，体现在能够表述其他人之身份并且把拥有这种特殊地位的人放置一旁的差异之中。

立法者在体现他通过发现身份而排除的差异的同时，违犯了（群体内的统一）身份。实施本应该摧毁或阻止的差异难道不是一种根本性的悖论吗？尤其是谁能够或者将宣称表述合法内容的这种合法性、宣称其他人可能没有或者他们不想拥有以及担心把自己置于边缘的这种权利和这种洞察力呢？立法者在如此彻底地处于同一性规则之外的同时，就走出了群体。作为差异者，作为躲过了他所建立的普遍身份，他因而同时就变得不合群体之法了。须知，没有某人陈述同一性（群体身份），当它被鞭挞时极力让大家执行它，当它被忽视时温习它并让大家尊重它，没有这样的人，就不可能有群体。"为了在世界上生活，就需要**建立世界**，而任何世界都不可能诞生于纯粹的'混沌'

之中。"❶ 以这种方式置身于度外的人被称做知识分子、神甫、萨满，或者还有其他名称，而群体行将从中认同自己的超验言语就是它的宗教，从词源上说，亦即把群体人员联系起来的东西。杜克海姆（Durkheim）说："宗教的力量仅仅是集体启示其成员的感情，但是这种感情投射在体验它的意识们之外。"❷

神圣倘若不是纯粹的差异又是什么呢？按照鲁道夫·奥托（Rudolf Otto）❸的说法，由此就出现了它所启示的恐惧和超验感情。神圣渗透事物，因为它把事物的身份描绘成某种化身，使人们忘记了它通过自己所强加之距离而谈论它们的视点。神圣是人们惧怕但也是允许人们成就事情的强大力量，突出并表现出来的力量，某种把事物

---

❶ Mircea Eliade, *Le sacré et le profane*, p. 22 (Paris, Gallimard, 1965).

❷ Emile Durkheim, *Les Formes élémentaires de la vie religieuse*, p. 327 (Paris, PUF, «Quadrige», 7ᵉ éd., 1985).

❸ 奥托（Rudolf Otto）（1869～1937），宗教学家、哲学家、基督教神学家。生于德国，先后在哥廷根、布雷斯劳和马堡大学担任教授。研究领域包括西方哲学、系统神学、新约和旧约宗教史学、印度学等，曾潜心探讨宗教本质与真理、宗教情感与体验、哲学认识论、神圣观念和神秘主义等问题。代表作为《论神圣：关于神灵观念的非理性现象和它与理性的关系》，还写有《路德的圣灵观》《自然主义与宗教的世界观》《东西方神秘主义》《印度的恩典宗教与基督教》等重要著作。其对"神圣"这一宗教范畴的研究影响深远，曾为宗教现象学的发展创造了条件。他称这种超自然的"神圣"乃主客体之结合，由绝对意义的"神圣实体"和人们"对神圣的体验"所构成；人的宗教现象即因其接触这种"神圣实体"而产生的心理状态，表现为一种对之既敬畏又向往的感情交织。奥托对"神圣"的理解从宗教哲学和宗教心理学意义上深化了对"宗教之人"的认识，启发人们从神人交感这种神秘体验上来揭示宗教现象的奥秘。——译者注

变成表象的超验，某种来自其他地方同时又处于事物之中的真实的表现，尤其是，人们并不真正懂得区分它们。一块石头或一棵树，可以像任何其他东西一样，都是神圣之物。神圣是贡献于事物身份的纯粹差异，并因而位于它们的彼岸。至于真正的宗教，它来自让悖论性的东西可以互相兼容的必要性：一种同一性要求它所摧毁的差异。宗教言语综合基石找到其起源的神圣世界与后来在西方被誉为世俗世界的东西。最初，一切都是宗教的，因为在神圣性亦即在宗教之外，整体是不可思议的，也是不可体验的，巫术或礼仪在某种修辞（言语）的内部，把差异性与同一性关联起来，修辞则摧毁了它们的矛盾风貌。

倘若说神圣者让人害怕，他却并不因此而较少外在于他保证其身份的群体之外。影响他并由他生成的禁忌丝毫也没有消除其化身逍遥法外的特性；因而他应该牺牲在（被供奉在）群体身份的祭坛上，这是神圣者的方式，以证明群体的和谐。被祭奠的牺牲品是纯粹状态的差异者，是违背他本意的侵犯，因为他打碎了他所说的话，即使人们离不开这些话语。神圣者即权威，是牺牲者处于群体之外从事群体任何成员以其成员之身都无法做的事情时所享受的权威：通过他所拥有的为所有人陈述其合法性的不合法性，肯定自己的差异性而摆脱群体。国王的牺牲，权力和权威（l'*auctoritas*）的神圣化就这样并行。

然而宗教还是反对牺牲的陋习，它让颁布法律的人显示，法律通过包括他在内的某种同一性对他也是有效的。神甫依仗神的超验性，他与群体、氏族里任何成员一样依赖神。人们再也不能指责神甫任何盛气凌人或妄自尊大，因为他只是神灵的传声筒，是众神灵与群体之间的中继者。他并非以自己个人的名义说话，而是揭示并代为求情。他不是一个不合法的立法者，因为他的合法性建立在神的超验性和真实性中：他知道应该想什么，不是因为他高人一筹或者简而言之不同于常人，而是因为他能够破解众神的真实意图，最好驯服他们并把他们放置在他一边。这样，他就逃脱了牺牲，而这里的"这样"应该理解为"通过宗教""通过一种宗教"。宗教是知识分子最初的通行证：他的合法性并非来自他的角色，而是他的角色来自能够合法地把他超验化并把他像任何人一样包含在内的某种言语。在保证礼仪、作为神之话语的化身并传播对所有人都有效的神的话语的同时，神甫陈述了群体应该服从的法律，他和其他人一样，都应该服从这种法律。神灵，亦即宗教言语的普遍性就这样保护他躲开了牺牲，这种习惯倘若还发生的话，将会把另一人作为牺牲品。就他这一面，他仅从象征层面为群体"贡献"一切，通过服务于群体，通过全身心地忠诚于群体。于是神圣者不再覆盖牺牲活动而更多地成了纯粹的差异，如同人们所说的那样，以这种差异应受尊敬、被神圣化因而不可触犯的成分，达到这种纯粹的差异。

然而事情并没有停留在那里，因为倘若神甫作为群体成员中体现权威、神圣者和神之权威的人，他必然拥有高居于群体之上的权力。他身兼首领和神甫。例如在中国人那里，族长就长期行使司祭功能。但是，这些功能的分离却是不可避免的，当论证神甫和群体合法性的宗教商榷神甫的权威性时，后者的权威性必须服从法律，即使他颁布了法律。由此，神甫不再位于共同体之外，他曾想成为共同体在众神那里的代言人，而现在他不得不放弃使他能够居于它之外、确立自己权威并确立种种法令的权力。于是，神圣者不再是权力的同义词，而是力量的同义词。知识地位继续体现的差异通过只有神甫能够破解、而它反过来又论证了神甫角色的某种超验力量被合法化。多少有点后来党派呼唤历史的超验力量来论证自己一样，因为倘若历史对大家都有效，唯有政党熟谙它的规律，这种历史要求牺牲和服从，从而有利于那些自称是历史所青睐的阐释者的人们。如同当今，人们显然以不再那么血腥的方式援引效率和经济一样，我们被认为服从效率和经济对我们是有利的，以这种形式使那些肯定熟悉经济和效率秘密或者是它们的最佳代表的人们获得了合法性，同时论证了这类"价值"的价值。

让我们再回到上文谈论的这些更古老的时期，当这种机制逐渐处于被实施的状态时，那么最好发现下述事实，即神甫重新回归群体，对他而言，等于放弃了权威的职位，放弃了纯粹的政治权力，后者与合法地被肯定居于其他人之上的差异事实相关。权威的功能于是自立化并脱离了神甫的职位，我们不妨这样说，神甫的权威性此后只是道德性质的。权力的某种偏移行将根据群体内部的功能本身而建构权力。合法性来自神甫的职位，以换取保护和支持、特殊地位和特权，它们的目的在于从社会方面巩固他的差异权利。大概正是这样，杜梅齐尔（Dumézil）所分离出的三大功能才浮现出来。这三大功能是：神甫职权、战争和劳动。它们分别以立法机制为标志，后者为了不显示为非法者，把它自己的作用与其他人的作用一样，都作为神之命令的表达，它既执行又解释神的命令。

二、牺牲与象征思想

牺牲是群体对宣称陈述法律并能够向那些应该属于群体的人们揭示他们身份的人的要求。马塞尔·德蒂安纳（Marcel Detienne）确认说，在古希腊人那里，"不管是献出自己生命者还是牺牲者，任何时候都不应离开世界，恰恰相反，参与某种社会群体或某种政治共同体才允许牺牲的实践并反过来从中找到确认群体团结和共同体形象的和谐"❶。牺牲活动把差异者重新纳入共同体，这是我们所理解的宗教努力通过其修辞而实现的东西，以期调和同一性与差异、群体与奠定群体统一性的超验力量之间的关系。

神圣者属于超验力量、差异的偏置。立法权且很快就合法的权力，应该避免因其差异而被要求的牺牲，这种牺牲就是义务，他应该清偿这种义务才能表述法律，但是这样一来，他就把自己置于法律之外了。然而，本身并不成立的基础只有罔顾一切地建立，才能符合他的使命，这只有在对超验的某种阅读内部才是可能的，超验力量允许这种阅读本身。神圣就是保证除他自身之外奠基一切的因素自我奠基的东西，但是作为神圣者，他就不再受任何破坏性置疑的侵扰。神圣者即被禁止的无礼。起初，牺牲就是付给同一性的代价，以期审核差异签署契约而欠给它通过颁布法律而超越的那些人的债务。牺牲就是摧毁这种差异，就是对法律所定义的某种犯罪的惩罚，而这种犯罪来自表述法律的事实。

---

❶ Marcel Detienne cité par Luc de Heusch, *Le Sacrifice*, p. 38 (Paris, Gallimard, 1986).

为了避免献身礼仪式的死亡，权力把这种礼仪转移到另一人身上，转移到一个替身身上，他替神圣者牺牲，这样就把神圣者变成了需要绝对尊敬的绝对权威，某种恰恰需要对其力量进行崇拜的权力的源泉，而非作为对群体同一的成员们的某种侵犯而应该排除之权力。把牺牲对象转移到一个他者身上，例如一只（神圣的）动物身上，将把这只动物变成给人合法权利并已经获得合法性之权力的某种象征。按照这种以部分等同于全体方式行动的象征主义产生于权力的逻辑。众所周知，只有真正强大的力量才象征性地显示出来，因为它是基础层面的象征。最原初意义上的公正就是指的差异应该向同一性承担的债务，有必要把剩余恢复到群体的凝聚上去，需要恢复的某种等值，需要在身份的祭坛上清算的某种放弃。做一个差异者是要付出代价的，而这个代价有时候非常昂贵……神圣者在躲开祭坛牺牲、成功地把它转移到另一人身上的同时，行将颠覆权力应该尊重的债务：权力将被那些习惯于牺牲它的人们所敬重。于是神圣者变成了不可接近、不可触犯的同义词，现在正是他能够支配荣誉而不是把荣誉赋予别人的时候。神圣者与牺牲此后将区别有致了。

三、礼仪或如何驯服根本的差异

差异是窥视群体同一性的危险，然而它也是与同一性相辅相成的因素，没有它，这种同一性就没有什么意义，首先对于那些构成群体的成员如此。法律的目的在于保存那些根本的差异，由它开始，但不仅仅是它。倘若不是生与死、父母与孩子、男人与女人之间的差异，还有哪些是无法回避的差异呢？请诠释下述现象吧：对逝者、对祖先的崇拜，对古人的尊敬和禁止乱伦。唯独那些制定法律者亦即诸神才躲避法律的约束，恰恰因为他们是神：他们互相打斗、杀戮、让对方断子绝孙或者组成乱伦的婚姻关系，践踏他们不必服从的差异本身，因为他们就是这些差异的源泉。他们位于法律之外，亦即位于差异之外。对于一个神来说，他的差异不就是否认确立给其他人的神圣差异吗？

让我们忘掉诸神而回到固有一死的人吧。对于他们而言，差异是无法逃避的：它不仅是神圣的，它甚至就是神圣本身。它应该得到遵守，这就是礼仪的宗旨和功能。其实质就是要遵守各种差异，因为它们属于法律范畴。把差异的东西拉开距离，因为它与众不同，这是礼仪的专职。礼仪的效果就是驯服差异，把神圣引入世俗世界，由于这种引入，于是神圣与世俗世界之间就有了连续性，甚至不无融会的可能性。同时，法律进入它所组成和建立起来的社会和共同体。

当同一性与差异性的界限不再确立时，群体像个体们一样，就失去了自己的特征和标记。永远应该能够区别本应存在的区别，然而看到各种差异粉碎在它们被排除之世界的风险是很大的，这样就模糊了地图，摧毁了最神圣的东西。不再能造就差异，这就是恶。真实世界的去神圣化是对大家的某种威胁：真实性只能由根基亦即由差异来支撑。当男人们把自己当做神，当他们无视诸神的存在，当他们看不到界定变化标记的季节，当他们不再尊重逝者或者当他们投入乱伦时，共同体的灵魂都受到了威胁。例如，为什么要通过殡葬礼仪来尊敬祖先呢？如果不这样做，他们就会回到人间，混进生者的行列，这样生与死之间界限由于没有被神圣化而受到了置疑。为什么季节变化万象更新的时候要祭祀神灵？大概出于同一理由：正如埃利亚德（Eliade）在《万象更新的神话》（*Mythe de l'éternel retour*）里所说的那样，如果不这样做，消逝的时间、毁坏万物的差异，就可能消除不掉。祝贺季节的更替，这不仅是再造新的世界，然而尤其是通过理应找到之井然有序的重复把这个世界固定在同一性上，所以如果我们想消除使同一动摇于他者中的时间，就应该祭祀那些重复。通过每个季度、年复一年如期到来的节日，通过把某种宣称的永恒性神圣化的重复活动，时间似乎凝固了；相对于永恒性，变化仅仅是服装和表象。詹姆斯·弗雷泽（James Frazer）[1]提醒我们，有多少国王象征性或非象征性地因为季节的变化而丧生！借助于礼仪——这是它们的使命，从神圣到世俗的过渡可以进行，某种同一性也可以维持，然而所有这些差异都是同一性的居所和源泉。

如果说礼仪旨在获得差异，那么节日则构成对差异的侵犯；它像一种礼仪一样，但是朝相反方向发展，另外它也有自己的礼仪，因为它是一种完整的仪式。在节日里，最神圣的差异被置疑，这就解释了破例和人们嘲弄强者的现象。这样，节日就成了无礼的场域本身，亦即民众性的场域本身，意思是说，偏移到民众中的礼仪变成了节日，一种"世俗化"的节日，即使这是在种种固定时间并且由权力很好调节的时间发生的，如同人们可以猜想的那样。节日用其象征性本身摧毁了各种距离，有点采用游戏的方式，从共同体的角度讲，它大概是最原初的游戏形式。节日是变得具有嘲弄意义的"祭祀"活动，因为它是象征性的，通过把所有宣称受大写差异（神）保护的人们献上祭

---

[1] James Frazer, le Rameau d'Or: "Le Dieu qui meurt", ch. III (Paris, Robert Laffon, "Bouquins", 1983).

坛而"牺牲"差异：主教和王子，权势者和富人，都被模拟在种种奇怪的境遇中。对大写差异的模仿把无礼变成了一种剧目。

中世纪的主教们无不忧心忡忡地看着圣诞节的到来。几天以后，一直到三王朝圣节那一天❶，各个教堂其实都变成了奇怪仪式的舞台，这些仪式以"疯人节"（fêtes des Fous）著称，然而人们还把它们叫做"愚人节"（fêtes des

---

❶ 天主教将1月6日定为"三王朝圣节"（L'Epiphanie）。这一天，人们习惯上吃三王朝圣饼（又称国王馅饼/la galette des rois）。据传在耶稣出生的时候，加斯帕尔（Caspar）、默尔希敖（Melchior）、巴耳塔撒尔（Baltassar）三个博士看见东方的新星，找到了圣母玛利亚和耶稣并送上黄金、乳香和没药三件礼物。后世为当时尚无名字的三位博士起名，尊称为三王。他们所献的三件礼品代表三个含义。黄金表示尊贵，承认耶稣为王；乳香表示圣洁，耶稣为圣子；没药是止痛药，预示耶稣将受难。

关于黄金、乳香和没药这三件礼物，还有另一种说法。黄金代表人界最珍贵的东西，代表人间；乳香是用来纯净殿堂的，代表上天；而没药则是用来制作木乃伊的，意味着死后的世界。这三样礼物加在一起预示着耶稣是天、地、人三界的王。

三王朝圣饼最早出现在古罗马时期，当时古罗马的奴隶主会在节日当天让吃到藏有小物品的馅饼的奴隶做一天国王或王后。平时受尽欺侮的奴隶那天可以指挥包括主人在内的所有人做任何事情。在极少的情况下，当过国王或者王后的奴隶会在被打回奴隶原形的夜里被主人杀掉。这是AF的法方主任塞巴斯蒂安先生（M. Sebastien）为我们讲述的一段关于馅饼的小故事。接着塞巴斯蒂安先生告诉我们，在1789年7月14日法国大革命开始之前，法国人一直习惯在三王朝圣饼里放陶瓷的圣母玛利亚、摇篮里的耶稣、马厩或小马等物品，吃到的人就是那一天的王。然而革命之后大家都只在馅饼里放象征法国大革命的红帽子。直到近代，革命的风潮散去了，大家才重新把陶瓷小物件放回到三王朝圣饼里。三王朝圣饼正是时下在法国大卖热卖的节日食品。——译者注

Sots）或"纯真节"（fêtes des Innocents）。那么占据了上帝之臣民的反神圣的疯狂如何运转呢？暴力什么时候结束呢？今年秩序还会接替混乱吗？没有人能够说清楚。集体的歇斯底里一旦被释放，一切就都变得可能了，什么事似乎都可能发生。大概一周时间内，基督教徒们的共同体行将投入某种不间断的心理剧中。

这种从异教继承而来的实践很早就开始了。自5世纪起，圣奥古斯丁（Saint Augustin）就谴责这类活动了，而教会团体从633年的托莱多（Tolede）❶ 主教会议开始，就不间断地抨击这些活动的过分行为。超越这些经常伴之以开除教籍类威胁的谴责，低级教士依然我行我素，每年都组织不可思议的酒神节。奇怪的是，其实疯人节的演员并不是反对宗教建制的普通不信教的民众，而是年轻的教士、分散在堂区教堂的助祭和副助祭（另外人们还赋予它一个"副助祭节"，即 *festum hypodiaconarum* 的别名）。诞生

---

❶ 西班牙的托莱多（Toledo）是公元6世纪西哥特人时期（哥特人起源于巴尔干半岛，现代西班牙人可勉强算是西哥特人的后裔）的天主教重镇。历史上在古罗马时代，西班牙是罗马帝国的边陲行省。罗马帝国衰败后，西哥特人作为雇佣兵进入西班牙，此后独立中原强者为王。但是国王登基必须在托莱多行涂油礼。

中世纪后托莱多跟随西班牙的国家进程，经由穆斯林、犹太人、基督徒你方唱罢我登场，汇合了三大文化精粹，现在名列世界文化遗产古城。

托莱多大教堂（Toledo Cathedral）是西班牙教堂中的教堂。可以追溯到西哥特人公元7世纪的教堂遗址。现在的教堂是从1226年开始扩建，外立面是法国哥特式，内部装修则既有摩尔人的抹灰工艺，也有西班牙巴洛克风格。——译者注

于教会内部的这个节日因而已经存在了很多世纪,得益于这些教士的热情,以及他们无视上司投向他们的污蔑节日的霹雳般的言辞……

弥撒期间,教士们进行选举疯人的主教的活动(在直属教廷的教堂里,则选举疯人的教皇)。通常,人们会以非常排场的形式把某位乞丐扶成神,为他披挂上主教的装扮。一旦即位,新当选者就正式昭告其"主教典礼":他头戴主教帽,手持主教权杖,向民众颁发他的庄严祝福。教士随后把他领向乐队,与合唱班一起跳舞并高唱淫荡的副歌。一旦登上祭坛,人们就在庆祝当选的神甫的鼻子下准备由猪血肠和红肠做成的佳肴;人们使用华盖圣杯饮用清纯美酒;口里交换着亵渎神灵的脏话;把粗俗不堪的滑稽与神圣文本混淆在一起;参加者玩牌和掷骰子;他们还投身更严重的出格活动中,当代人没有具体说明,但是我们不难想象。❶

然而归根结底,这只是一个节日。它的不同寻常的性质产生了祭献它所否定之差异的间接效果。正是因为有神圣存在,冒犯神圣的活动本身才被礼仪化:它发生在固定时段,例如发生在季节变换的时候。正是节日及其自身礼

---

❶ Maurice Lever, *Le Sceptre et la marotte*, pp. 9–11 (Paris, Fayard, 1983).

仪这种不同寻常的特征才使它脱颖而出。从礼仪到节日，从神圣到世俗，甚至到世俗化，这样我们就看到作为大众声音的无礼是如何浮现出来的。但是，我们不要把其中的某些事搞错了，把节日导演为应该或者只能在一年的若干具体时间例如狂欢节才能上演的剧目，还是并永远证明了它雄心勃勃试图摧毁的距离。扮演者永远只能当一天国王。而这一事实无论如何巩固了王室的重要性。同样，滑稽者或疯子扭曲变形时，或者穿着滑稽可笑时，例如布王冠上系上许多小铃铛和一个木制幽灵，会让人发笑，但是滑稽者和疯子的权力与"节日的国王"同样有限。很简单，在一种情况下，时间抹掉了另一种情况下外观留下的东西；在两种情况下，距离本身都得到了确认，距离把真正的国王与模仿他的滑稽者相分离，或者把主教与节日时僭越了其主教地位的年轻教士相对立。

四、双重无礼或概念的双重价值：权力与神圣

与群体保持距离，像"知识分子"自从其萨满出身时所做的那样，乃是某种无礼，理由是，这样做，他就走出了规范，尽管这仍然只是为了昭明它。神圣拥有保护权力的功能，只有神圣与祭品相分离，这才是可能的。祭品是

第一章 政治的生成与无礼的起源

在陈述规范时跳出规范需要付出的代价。相反，神圣则保护不合法的立法者避免因为表述对于群体合法的东西时的不合法身份而遭受的惩罚，亦即因脱离群体而遭受的惩罚。倘若他把自己制定并颁布的神圣应用于自身，这个神圣就失去了它的全部力量，这犹如某种预期理由：因而需要他把它转移给某种真正的权力。与此同时，他也就站在了与群体其他成员同等的位置上，这样尽管他是立法者，也应该像任何一个人一样，遵守他们的规范；这种安全观的对应方于他而言，就是失去了神圣，尤其失去了权力。作为交换，他继续破解神圣并能够以大家的名义充任神圣的诠释者。作为回应，权力应该保护他，尤其因为"军人"与"知识分子"此后区分鲜明了。差异的这种摧毁乃是昭明某种对他和对整个群体都有效的普遍规范的结果，这种摧毁实际上促使在某种悖论形势下象征规范的人要求被认为体现差异的世俗强力的保护。被某人认同为强力并神圣化的某种强大力量，一般而言，这个人的功能就是使事情合法化亦即认同。这也是权力的双重价值。

这样，无礼就将居于这种被削弱或者被转移的差异中。权力将是它的新目标。某种偏移势在必行，以便使它能够用手指指示一位替代的牺牲者，差异者行将为自己的差异，亦即为他的自诩可以脱颖而出而付出代价。在这些条件下，人们还能谈论立法者甚至权力的无礼吗？他们前者和后者、一者被另一者、两者不是被超验力量亦即被宗教合法化到他们的功能里去了吗？宗教把悖论修辞成"和谐"言语，一种在表述同一性时藏匿了同一性的某种差异的悖论。在任何情况下，权力的象征性都不会局限于寻找用来被利维坦粉身碎骨的赎罪性的牺牲品。❶ 为了保证这种象征性，权力应该用一个祭品的替代者来标示自己的差异，并且与任何旨在使某个其他人成为牺牲品的盗用行为分道扬镳。尤其是当它希望自己强大时。因而作为这样的权力，它应该全部承担。这样，权力的象征性就将认同差异，于是与其谈论无礼（置自己于边缘的无礼），人们更多地谈论傲慢。两个概念尽管互相关联，但却是有区别的。与无礼相关的是风险：被惩罚，因为过分行为而被牺牲的风险；至于傲慢，则是建立在某种力量地位基础之上的歧视行为或漠视行为。傲慢是权力的象征，尽管这使它变得令人憎恶：其他人正是从这里检验大写的差异，检验他们的差异，因为它表达着深渊，表达着债与责的颠倒，因而也表达着对强力的认可。某人之所以允许自己表现出对其他人的歧视，那肯定是因为他自视高于他们，然而尤其因为他所享有的权力足以毫无风险地肯定这种差异，从

---

❶ "利维坦"，原为《旧约圣经》中记载的一种怪兽，与英国哲学家霍布斯在其著名的《利维坦，或教会国家和市民国家的实质、形式和权力》书中一样，影片中的"利维坦"用来比喻强势的国家。——译者注

前，这种差异足以招致祭品和牺牲。

无礼由此发生了颠倒：它将是对理应尊重之物的不尊重，这一点是遭人抨击的且已经被抨击，是对神圣和对权力的大不敬，是一种向后走并在此岸活动以恢复并揭示原初所存在的差异的愿望。与权力和宗教职能背道而驰，以凸显它们的不成立性质，因为自己是社会一切的奠基者，这就是无礼行将采用的形式。权力和宗教职能的正常化将把它们变成显而易见和问题之外的东西，于是当它们偶尔被置疑时，就不能被人们所接受。即使人们不再谈论把它们作为祭品，它们也并不因此而较少处于相对的外部性地位，况且从来没有任何人放弃置疑自诩差异行为可能拥有的纯粹象征性和形式性甚至不成立的蕴涵。无礼此后不再在它们那里，而是转移到那些敢于突出他们面对群体的这种外部性和这种自诩差异（或者这种象征化差异）的人们身上，尽管他们支配着群体但却确实属于群体。掌控权力的人们对此很清楚：因而需要找到一种赎罪式的差异，这种差异采纳了国王或神甫的某种嘲弄般化身的风貌，这种差异自身将是某种无礼，并同时赋予通过其自身差异而显示其无礼的权利：这将是扭曲的或打扮的滑稽者或矮子，他敢表述一切，揭露一切，因为他不同于常人，因为他一般而言已经被大自然"牺牲"过一次。由于外在于规范和群体，他是无礼的，而他的无礼就是对规范的挑战，体现在这种外部性本身。由于这种外部性已经刻画在他的肉体上,它停息了任何充当祭品的行为和任何牺牲行为。这样,他就可以其权威性差异的名义,就其他人一般情况下应该三缄其口的事情发表言论,他可以讽喻和批评、嘲笑和挖苦,但是他并不因此而较少通过通常其身体方面或装束方面的差异化迹象而呈现其滑稽者的风貌,这些身体方面或装束方面的迹象消除了其言论可能留在权力眼里的破坏者形象。无礼就这样被纳入了渠道。由于他是唯一能够表述自己想法的人,就代表着如今人们所谓的"公共舆论"。然而滑稽者还对权力扮演着某种避雷针的角色:哪怕是通过服装形式,他也显然外在于群体,并由此而体现了与群体泾渭分明的无礼,聚焦群体的侵略性并把它从国王身边移开。另外,这也是首先瞄准的目标,其次才是逗乐。他也并不因此而较少聚齐对权力的批评潜力,因为他代表着卓越的违反行为,由此而拥有表述真实的权利,而"正常的"主体们是没有这种权利的。倘若投入违反行为的人很卑微并且带着嘲弄的面具而批评因为这种嘲弄而转化为笑声时,上述违反行为表面上就更无辜了。总之,他是一个既嘲弄权力又替代权力的普通百姓,人们有可能会嘲弄他。人们没有严肃对待他,因为他是规范外之人,亦即与其他人不一样。他是人们节省下来的被牺牲者,因为他已经被大自然牺牲过了,因为他是滑稽的或者因为他

第一章 政治的生成与无礼的起源

还像孩子一样天真无邪。另外，节日原本就具祭品替代性质，尽管这种机会到来时还是有人被当成真正的祭品；像狂欢节这样的节日眼看着诸如主教们被下层教士或世俗的人们模拟和滑稽取乐的情况。我们还会回到这一点来。

在这个阶段，需要重点捕捉的，乃是权力的逻辑。它通过自己所投资的神圣，躲过了惩罚和报复，这样就颠倒了无礼和惩罚的意义。神圣与祭品的分离，对所有神圣所代表的深渊的意识，包括参与神圣活动之人所代表的深渊，仅仅因为他自诩熟悉神圣或者窃取了向其他人颁布神谕的权利，这种分离和这种意识都使无礼成为对神圣因而也对权力的亵渎。那么货真价实地讲，无礼就是某种亵渎；正是它应该受到惩罚，而不再是依仗神圣并因此而宣称是不同于其他人的人。西方人因无礼而获益，因为他相对于诸神逐渐自立了：这当然是一种错误、一种"沉沦"，然而也是一种伟大和一种命运。作为自我，此后就成了最高贵、最强烈要求但也最神秘的任务。要求自己的自由和要求自己作为人之自立性于是就成为对于他自身的某种叩问。正是这一点，经常也被那些诉求外部权力的人们视为某种无礼。难道尊重人们而没有参照神就是遗忘了上帝或者否认上帝吗？当《圣经》断言"任何无礼之人都是对上帝的憎恨"❶时,难道这就是它想表述的意思吗?除非需要把这种严重的谴责阐释为针对某些人对诸如"你不应该杀生"这类最神圣的指示的歧视时。这里我们想到了弑父娶母的俄狄浦斯,他这样就违反了最神圣的禁令,然而我们也可以说他违反了最基本的那些构成人性的禁令。人们不能不区分父亲与儿子、生与死、母亲与妻子,好像这一切都是等值的,有违于此,那就把任何人性都搞得不可能了。亵渎人性,即毁灭各种不能缩减的差异。这正是俄狄浦斯的所作所为,而在这一点上,他体现着没有合法性可能的权力,于是他注定要受到惩罚。他非法统治着底比斯(Thèbes),应该从这个地方出走了。俄狄浦斯不是无礼者,他是地地道道的罪犯,然而,任何没有合法性的权力对于那些应该承受它的人们而言,我们不妨说,都是或者重新变成了某种无礼。也正是在这里,发生了俄狄浦斯政权的事情,它粉碎了所有可能的合法性,不顾一切地把自己置于法律之外,把自己变成不能纯粹地承担对于施行权力之人权力所蕴含的差异。倘若《俄狄浦斯王》(*Œdipe Roi*)存在某种无礼,那就存在于对某种具有如此深刻破坏性和令人震惊性质——包括对俄狄浦斯本人——的形势的想象之中,存在于对于某种如此彻头彻尾的和有

---

❶ Salomon, *Proverbe*, XVI, 5.

悖人伦的亵渎行为的想象之中。大概正是由此,苏格拉底才以彻底的方式昭明了合法差异性的问题,一如不具有合法性的权力的问题,尽管一切似乎都在论证着这种权力的合法性。也许甚至还需要从这部剧作里看到对极端、对一切都可能发生的一种没有法制世界的舞台揭示?然而,那里难道不也是诸神本身希望惩罚张扬其几乎极端大逆不道的英雄人物的某种幻想?俄狄浦斯,亦即人,只有在对自己茫然无知的情况下,才践行了他的命运,他的所作所为归根结底是对自己的惩罚。自由难道要付出这样的代价?它难道会使人盲视吗?

其实,俄狄浦斯彰显着权力合法化的必要性,于是把对权力的指责变成了此后唯一可能的无礼。具化为对其他人施行某种权力,同时以大写差异的名义肯定自身差异的无礼,不再是人们所称谓的某种本义的无礼,这种无礼从此被认为应该受到审判,在最坏情况下,它也只能是傲慢。正如俄狄浦斯以相反方式所得以验证的那样,因为神圣依赖于权力而保护其对象。我们应该从中清醒地看到,一般而言,某种权力观念和神圣的或非神圣的强力观念,成功地把无礼者变成了一个罪犯:并非自以为高于其他人的人就是罪犯,而是不承认这个人经常拥有神圣的至尊地位的人。这样,无礼者就是一个不尊重至高尊严而理应受到惩罚的亵渎神灵者。

但是，无礼仅仅是作为实施其自由的人的叩问能力，一种转向其他人、转向社会、转向应该与其一起生活但却不必一定赞同（参与）的预存在的某种能力。无礼者施行的正是这种通常很小程度的抵抗。正是苏格拉底敢于置疑城邦的著名人士，向他们提问何谓权力，而这些名人不自相矛盾就无法回答他，而当时的实质问题是论证他自诩掌握权力的能力，他认为自己有权执掌权力。正是耶稣想超越宗教和当时政治环境下的明证性，而当他谈论慈善、博爱和平等时，他的言辞使罗马占领者大为不安。无礼与那些当游戏转向对他们不利时就从游戏中退出的人们把玩讨论和对话游戏：它让对手丢掉面子，我们知道它是怎样疏忽而至地发生在苏格拉底和耶稣那里，因为他们揭露了强者为了能够论证他们的强者身份而躲藏其后的种种表象。

五、结　　论

所以无礼有它自己的礼仪，哪怕是因为它颠倒它们以期把它们赶下神坛。它在模拟并把它转化为滑稽的东西搬上舞台的同时，也把自身的颠覆礼仪化了。它从某种表演出发，它的表演似乎特别逼真，与它所模仿之对象惟妙惟肖，至少第一阶段特别逼真，通过夸张而收到模拟和滑稽

第一章　政治的生成与无礼的起源

的舞台效果。对表象的这种颠覆似乎赋予它们某种初始的信誉，因为把它们搬上了舞台，对表象的这种颠覆大概就是喜剧和悲剧的起源。然而即令如此，也不要无视无礼的另一种风貌，那就是通过批评或简单否定其对象而展开的风貌。人们从最强者那里辨认到的无礼是为了表达他们的地位，但是也从指斥这种地位的人们那里见识到为了取而代之或者建立另一种社会调整的无礼。在无礼中，永远存在着"把玩游戏"、顺应有效"礼仪"、价值和建制、寻求支持和地位的思想，即使扮演者实际揭示它们不成立、胡乱分配或胡乱安排的性质，这种揭示不应该拥有任何明显性，而是最经常建立在冷漠或缺席、不屑一顾或程度不同的讽喻的种种形式的基础上，建立在破坏被肯定之高贵性和代替明证性之各种自负态度的种种动作或手势的基础上。

事实上，无礼永远与某种被鞭答或被从内心置疑的规范相关联，哪怕是隐性地相关联，这种社会规范亦是价值、个体、权力的某种等级制。如果不是现行结构保护或支持的那些人，因为他们亲近顶层并且熟识顶层的奥秘和外表，那么谁又能投入这样的等级制呢？

深言之，无礼是某种暧昧的揭露，一如讽喻那样，它经常从迎合开始，为了更好地破坏稳定。它揭示的目的是更好地揭露，即使有时候更直接一些：于是揭示就变成了赤裸裸地揭露。然而为了揭露，需要了解内情，亦即"深入虎穴"，这就把无礼者变成一个既在内又在外的人物：他既深入结构，又置身外部，这样，他就既把玩它们又蔑视它们，他让那些裂缝和摇摇欲坠的结构垮塌，他把思想从其表象和种种压力下解放出来，因为他解放了人。无礼者是个危险人物，很简单。因为他有能力了解内情并把自己的所知表述出来，而罔顾自己的利益。这并不排除谨慎：无礼者更喜欢与权威组合，因为通常他没有选择，但是他善于以话到口边留三分所张扬的某种真相的名义，把权威滑稽化，揭露虚假的专长和未经证实的严谨性。最佳状态的无礼，不仅是对种种价值和神圣等级、种种窃取而来的形式和头衔等的大不敬；更多时候，它是不屈服状态下的清晰，旨在恢复真实，反对那些其利益或简而言之其限制阻止真相曝光的人们。

第二章 无礼剧目

一、从喜剧到木偶新闻 *

在人们承受的嘲笑与自己施加的嘲笑之间,有着某种连续性。阿里斯托芬(Aristophane)❶ 的苏格拉底把一个高高举起的篮子悬置在空中,为自己愚蠢之举的受害者们出谋划策,在他与人们讥讽其知识分子轻浮举措的电视思想家之间,没有任何本质的东西发生改变。不过是从新闻的木偶人物到哲学的木偶人物而已。归根结底,希腊

---

* 法国的政治讽刺与幽默由来已久,收视率很高的木偶新闻(les Guignols de l'info)就是其中很著名的一个电视节目。节目借助特征鲜明的仿真木偶人,讽刺时事,调侃名人,特别是政治人物。——译者注

❶ 阿里斯托芬(约前446年~前385年),古希腊早期喜剧代表作家,雅典公民。相传写有四十四部喜剧,现存《阿卡奈人》《骑士》《和平》《鸟》《蛙》等十一部。有"喜剧之父"的称谓。——译者注

人的无礼原则上与我们今天看到的无礼没有多大的区别。嘲弄强权者、富人和精神上的种种伪善者，这些都没有任何新颖的东西：仅仅是中世纪那些年迈的主教让位于愈来愈完成其技术官僚性质的、更多非人性任务、没有真正个人主见的知识分子，至于从前那些腐败的、不得人心的谋士们变成了真诚程度不一、很少聪明之士、永远一幅犬儒相、胸无超越自己之大志的部长们。漫画在19世纪占统治地位，如同滑稽剧、节日和其他狂欢形式在中世纪占统治地位一样。在那个时代，人们对僧侣和权力已经采取了很强硬的态度。因为笑是一种宣泄方式，最好规范它。另外人们从来不曾禁止过笑声，尤其当放纵显得过分之时。但是这样一种放纵却被认为有益于健康，对于权力和那些承受权力的人们，都是一种消遣。节日、疯子、知识分子、滑稽者的无礼模拟它的批评对象：它演变为嘲笑，但是这种嘲笑随之又呈现为嘲讽性质的，这就削弱了批评。小丑是滑稽的，疯子神经兮兮，知识分子则很圆滑。至于节日，尽管限定了范畴，因为开禁和过分的缘故，能不危险吗？小丑保护国王，作为真实，他所说的话也许震惊国人，但归根结底，他也只是一个小丑。这就肯定会削弱滑稽的份量。木偶新闻中的木偶永远只是一些木偶，就像在

"贝白特·肖"（le Bébête Show）❶节目里一样。任何权力都清楚，被这样搬上舞台的无礼，也是预防最坏情况的疫苗：它是减少了剂量的毒物，是稀释后的毒液。人们嘲笑嘲笑者，或者与之相分离，就像中世纪节日里的绅士那样，他害怕他们。他们徒有一幅令人相信的面孔，自身就很可笑：只能是一些小丑、疯子、靠胶粘成动物之身的可怜的木偶。无礼的这类表现是一些象征形式或者对祭祀品的替代形式：嘲笑代替了对无礼者的礼仪性谋杀之举，另外它也拥有双重意义，因为他们既是主体又是对象。其实，无礼者是他所代表的权力的替代者，因为他既是权力的化身，同时又建立起权力的更多讽喻意味的画像而嘲笑它。这种形式把人们的视线从真正的权力移开，通过某种场景，转移到它的漫画方面来，这种场景从根本上终止了权力的实际影响。最终，人们仅抱怨权力的化身而不再抱怨真正的权力：一切都发生在表演层面；因而把人们宽容的无礼变成某种场景式的无礼亦即某种喜剧是很重要的。嘲笑无礼者，后者自己也在笑，无异于相对于权力本身而专注于无礼者的外表，另外，这也是以一种无伤大雅的形式把笑声引向真实的外部性。因而，无礼者从两个层面演

---

❶ "贝白特·肖"（le Bébête Show）是法国一档著名的政治时事讽刺的电视节目，由木偶滑稽模仿政治人物，1982年10月～1995年9月在法国电视1台播出。——译者注

示了权力的外部性：他把它搬上舞台，他通过自己的疯癫、小丑形态和戏剧性，作为权力的外部性而置身舞台，他的舞台表演使自己失去了真实性；其后果是，这种外部性本身不再被视为真正的危险，因为与那些滑稽人物结合在一起，人们深知他们与他们表演的对象还是有区别的，无论如何，他们都是一些上层人物。转移到假设"卑鄙"或下等人——因为他们是一些普通的神甫、矮子或喜剧演员——身上的无礼，对于一般百姓而言，自身就变成了某种漫画，于是老百姓与那些嘲笑他们的"卑鄙者"或下等人同笑，或者与他们划清界限，有时候甚至恐惧他们；然而对于权力的益处是相同的。嘲笑者代表着无礼的外部性，后者具有讽刺意味。他与每个人平静而艰难的日常生活格格不入。或者他是每个人都有可能被允许的绝无仅有的某种外部性，这就是嘲笑性质和讽喻性质之外部性的喜剧节目所允许的外部性，它平息了"犹如在舞台上"行动一样的愿望。于是人们离开了无礼者，因为他启示着距离：他的游戏和言语作为真实，都很少受到威胁，或者被消解。这只不过是节日或喜剧，好玩，令人惬意，台上台下的共识是，严肃的事情都在其他地方，且显然对大家都是心知肚明的事情。倘若人们不嘲笑无礼者呢？其外部性并不会因此而较少粉碎权力比较恐惧的可能的对号入座。无论如何，嘲笑抑或不嘲笑，无礼者都离群索居；即使认可了他的话，人们也间接反对被无礼者所贬抑的权力，人们也与投入无礼行为之人拉开距离则是毫不逊色的事情，这也就中断了差强人意的认可行为，或者更多地限定其范围。人们沉浸在虚构之中，同时清醒地知道这是某种虚构。大概正是在这种气氛中，我们可以找到"有意悬置不轻信"❶形态的根源，这种悬置使得人们明明知道虚构只不过是讲一段故事以取悦于人或者感动听者，却心甘情愿地进入"之中"，为故事中的人物以及发生在他们身上的事情而痴迷，似乎真事一般。

然而，正如H.考克斯❷所提醒的那样，这些节日仅兴盛了一段时间，它们行将与宗教改革的诞生一起消失并与开创改革之路的路德❸一起寿终正寝。假如所有疯人节都汇聚在一起，这对于教会将是更可怕的事情。这也是作为文学体裁的喜剧的更新，喜剧的体系化成型，或者至少人

---

❶ 关于这一点，参阅M. Meyer, *Langage et littérature*, p. 8 (Paris, PUF, 1992).

❷ H. Cox, *la Fête des Fous*, p. 14 (tr. L. Giard. Paris, le Seuil, 1971).

❸ 马丁·路德的宗教改革思想包括：（1）路德认为，对上帝的信仰是教徒得到拯救的唯一条件，真正的基督徒，首先应该做到内心信仰上帝；（2）因信称义，不靠功行；（3）教会的职责只涉及灵魂的事，不应涉及金钱、土地和权力；（4）反对罗马教会对德意志的干涉和掠夺，主张建立民族教会；（5）世俗国家有其存在的必要性；人民有服从君主的义务。马丁路德与加尔文的宗教改革主张有什么相同点和不同呢？相同点：因信称义，圣经至上，简化宗教仪式。不同点：路德还提出神职人员可以结婚生子，将圣经译成德文，推动德意志民族语言的发展，推动民族国家的诞生；加尔文的宗教改革核心是先定论，宣传政教合一，他于是成为政教合一政权的最高领袖，同时，加尔文镇压其他信仰的教派与个人，符合资产阶级的的意志。——译者注

们承认它的独特性。另外，王权将愈来愈确立为专制主义的形式。人们猜想，所有这些现象之间都是互相关联的。无礼重新被划定在某种舞台形式里，这种舞台形式逐渐变成一种独立的文学体裁，这种体裁的民众色彩也许要逊色一些，因为它越来越被胜利的王权所回收，所框定范围。

于是大约在15世纪末，疯人节逐渐让位于真正的戏剧，但是要做到这一点，社会需要首先重新找到某种更大的流动性，这个时间，在马克·布洛赫看来，大约位于1400年后❶。君主政体把它自身的小丑们维系在任何舞台之外，而此伏彼起的王子造反或贵族叛逆的压力更大、更直接。于是无礼演变为持不同政见，而宗教改革就表现为这种意义。改革接替了不满，它把不满明显地政治化了。那么事情随后怎么演变呢？"从实而论，自17世纪下半叶起，大众文化的形式、礼仪和狂欢场景就呈现逐渐萎缩、蜕化和贫乏之势。一方面，节日的生活被国家化了，节日变成了一种排场的生活；另一方面，它被引回日常生活，亦即它被重新投放到私人生活、家族和家庭生活之中。节日里公共场合先前那些特权变得越来越狭小了。特殊的、狂欢的世界视野及其特有的普遍性、勇敢、乌托邦性质和

---

❶ MarcBloch, *la Société féodale*, p. 452 (Paris, Albin Michel, 1939).

它迈向未来的方向，开始变成简单的节日脾性。"❶ 戏剧承受了某种回潮，没有这种回潮，不管是莫里哀，还是高乃依、拉辛、莎士比亚，相对于他们作为其继承人的这些民间表演形式，他们都不会真正浮现出来。同时——自从福柯（Foucault）以来人们对此有了更深刻的理解，以前具有解放思想和欢快性质的疯癫行将明确地与理性相对立，而狄奥尼索斯式的清醒就这样颠覆为盲目，激情性质的盲目愈来愈变成病态性质的盲目。

二、从喜剧性到喜剧：希腊人相信过他们的无礼吗？

剧情式的无礼已经是某种古老的现实了。喜剧性不尊重等级：它不怎么承认它们，它恰恰表现为蔑视历史和社会所强加的重新分牌之举。这就引发了那些了解新差异的人们的嘲笑，即潜入历史中的我们的嘲笑，而历史无疑已经发生演变了。如今看到的东西已经不是从前的模样了，它是他者，是不同的。因此，喜剧性是对历史的某种否定，是最大的差异者，至少对于那些经历过历史并熟悉历

---

❶ M. Bakhtine, *l'Oeuvre de François Rabelais et la culture populaire au Moyen Age et sous la Renaissance*, p. 43 (tr. A. Robel, Paris, Gallimard, 1970).

史的人们如此。滑稽性就来自这种无知，来自这种囿于身份的状况，来自这种把喜剧主角当做一个不食人间烟火、不谙世事、笨拙之人的非现实主义。正是堂吉诃德没有看到风车不是巨人而是普通的风车。新现实甚至老现实都确实被桑丘·潘沙感知到了，然而采取了无礼的态度，因为他让他的老板看清楚与骗子无赖小说的差别。我们还想到了阿里斯托芬《云》（les Nuées）剧中的图内布尔，他把苏格拉底看做行将把他从不幸中拯救出来、通过某种演说技巧将使他赢得债务诉讼的人，渴望学习这种技巧以期操纵他的法官们，让他们把一切都吞下去而不必付出代价。这样，阿里斯托芬就把他展现为一个傻汉子，面对滑稽的、盛气凌人的、玩弄文字游戏、吹毛求疵、把一些词微妙地分割为谁也不懂或者毫无用处的意义时的苏格拉底依然乐呵呵的。然而正是这些东西打动了图内布尔：他因此而带有喜剧色彩。其实苏格拉底也是这样，他因为与那些前来向他求教并被他用花言巧语欺骗的人们所玩弄的游戏而成为喜剧人物。这里的无礼尤其在于观者，或者在于阿里斯托芬本人，他把苏格拉底这个人物、这个知识分子拉下了神坛。这个苏格拉底以其语言和不可接触性，脱离了共性，另外我们这里取这个术语的所有意义。他把无礼彰显为傲慢，就像图内布尔恰恰因为缺乏无礼而成为笨拙受害者的化身一样，他看不到观众可以立即感知到的东西。

这就是何以这里几乎无礼的缺失具有喜剧性的缘故，因为在阿里斯托芬看来，苏格拉底没有一位真正思想家的任何特征。喜剧性存在于对苏格拉底真实面目的这种无感知之中，没有感知到后来真正成为何种人的苏格拉底与一开始被当做智者之间的差异。图内布尔的天真让他变得愚蠢，对于这样一个人物没有好评，其中没有任何无礼的成分，然而笑声尤其揭示了不值得有任何尊敬的苏格拉底，除非那些愿意相信其鬼话而步入陷阱的傻子们。倘若看不清谁是苏格拉底，那么他就是一个低能儿；恰恰就是这种无礼的缺失，把图内布尔变成了一个傻瓜，这实际上构成了对知识分子之王子的最坏的无礼。呈现出对城邦名人无礼的同一苏格拉底也沦落到被如此嘲讽的地步。这难道就是疯子和智者们的命运？

无礼就这样建立在思想自由和言论自由的基础上。古希腊人也许比他们的东方同代人和前辈更懂得如何管理大写的历史，把任何变化都作为恐怖和专制主义的近义词。但是，我们也不要抱太多的幻想：苏格拉底之死已经是前车之鉴，提醒我们无礼的底线。它们是由权力确定的，即使是那些自称笃信民主的人士，也会毫不犹豫地报复永远对其构成威胁的精神。此言供明智者深思……

诚然如此，由于无礼把我们反馈到大写历史的舞台上，反馈到得以实现之差异的剧中，反馈到我们想保护或恢复之真相的戏剧中，它只能落脚于对无法忍受的历史性的戏剧化和摈弃化书写。当历史不可逆转地、清醒地记载在人们的命运中时，艺术应声而出，从古开始，把新囊括其中，既表达它们之间的差异，亦建立某种虚构的连续性。甚至那些断裂也属于艺术的范畴，因为它们拥有连续性的问题特征。而宗教则岿然不动，似乎一切都不能真正改变，都不能有实质性的变化。而哲学则试图超越老的形象，重新找到新的忠实性，甚至专注于历史性的问题本身，以期从中重新找到变化的普遍性原则。

深言之，对历史所强加之差异，这里有两种反应的方式：或者与之合流，或者忽视它们。这是一个民主社会赋予其成员的特权。人们可以两种方式忽视变化：一方面，人们可以否认差异，我行我素，似乎什么都没有发生。这是一种能够让喜剧性充分发挥的盲视方式，即受害者们很不适应场景，笨拙，甚至幼稚；面对他们的对话者们的"智慧"，他们最终适应了这种真实。另一方面，人们也可以否认他们看到的差异，以激情的名义，通过盲视、利益而坚守自己的真性，于是便掉入深渊。这是悲剧。不幸的命运是不可避免的。

喜剧与悲剧的共同点是，历史性是从它追捕人物的角度被承担的，以某种抛弃大写差异的形式，即使一开始人们对它是无知的，甚至直接否定它，观者对这种否定也是清醒的，因为有大写历史的存在。凡是悲剧突出历史解决之前时刻、这个时刻捕捉悲剧英雄的地方，喜剧都置身其后：我们是清楚的；喜剧人物对所有他视而不见的东西都感到很有趣且很滑稽，而我们看得很清楚。然而这一切自有安排：我们是知道的，不妨这样说，因为我们置身其后。喜剧人物最终在分享知晓的过程中与我们走到了一起，这使他变得如此亲近。相反，悲剧英雄在发现了历史真相的同时，面对无情的冲突崩溃了；一种并未解决冲突的结局让人恐惧，用亚里士多德已经说过的话说，这是一种让人怜悯的路径。悲剧英雄无法适应环境，他经常甚至也不想这样做：这就使得冲突无法解决。于是通常就导致死亡。假如说悲剧道路上存在某种过度和疯狂，那么有时不乏滑稽风貌的喜剧人物的无辜中大概就存在某种小丑元素，还是亚里士多德说的，面对喜剧人物，观者有一种优越感。谁愿意承认自己是小丑呢？但是我们也一样，最终还是顺应了潮流，拥抱了潮流，勉为其难地适应前进、再前进并最终粉碎的历史。悲剧英雄难以更多地逃避历史命运，他虽然以无视历史而开始，事情的真相归根结底也要再次抓到他。就像它（事情的真相）对我们那样无情一样。

然而无礼在这一切中会怎么做呢？不管是悲剧英雄还是喜剧人物，本质上都不是真正的无礼者。无礼既不是一个喜剧题材,也不是悲剧主题。我们从喜剧和悲剧中可以找到种种缺陷、迷失、激情、憎恨、冲突,但却找不到无礼所具有的不满和自由的这种缓慢的酝酿过程。但是,不管是前者还是后者,都不是无礼所陌生的东西,至少不是间接陌生的品格。人们从中找到了某种被挤压和颠覆的真实,并非通过从内心呐喊出来的某种言语,而是通过某个相对于真实处于危险境地的人物的过度行为(由此产生了结果的悲剧性)或滑稽性。应该从差距场景或从对永恒化的惩罚中看待与无礼的关系。观众无疑置身度外,但是他们也分散在这个或那个人物身上,分散在这种或那种场景的复制之中,它们使观众参与到剧情之中。因僭越场面哄堂大笑或恐惧不已的观众不能不对僭越场面进行反思,而无礼就是僭越场景之一。我们再次想到了阿里斯托芬:嘲笑苏格拉底吧,因为不管他是何样的哲学家,他都是一个骗子。我们可以对这类人物无礼,因为他们虚假的高大乃是侏儒的某种面具。观众代表着恢复正确秩序的某种无礼。反之,不要相信那些无法无天的激情、缺陷,它们被推到极端时,就会让对其盲视的男子或女士身败名裂。他们由此而割断了与其他人的联系,割断了与群体的联系,而这样的无礼则是有罪的清高,是一种人们无法与之组合的偏激行为。嘲笑的宽容让位于法官的谴责:诸神、人们、自我本身,谁都可以借用终极的惩罚;命运重新找到了权利，亦即找到了法律。想想这些吧。

倘若说无礼既不等同于悲剧，也不等同于喜剧，但是它却以一种隐性身份在其中发挥自己的作用，即悲剧或喜剧所提供之剧情预设的隐性身份。这样一种表演的意义是什么，它的真实的意指是什么呢？我们赞同亚里士多德的说法，即无礼表现在喜剧特有的傲视权贵的笑声中和被认为面对悲剧的过度行为用以引起观众恐惧的惩罚中。在一个民主程度不一的社会里，这种双重运动难道不是与公民教育相关联并引导公民走向亚里士多德所钟爱之"中位"的警示行为的本质吗？应该让人们敬畏，正如应该强化权力以期共同体的规范得以重新找到它们的合法性一样。然而也许亚里士多德想说的也不是这一点。没关系，因为超越规范，还有无礼所瞄准的某种行为，它是无礼的背面：被规范化的调整，建立为断然命令式的各种适度要求，精神和实践中的某种平庸性，不存在任何单一名称、其轮廓很难确定的某种平淡性。我们不妨将其称做"有礼"？通过颠倒优先权的顺序，人们首先处于相对于无礼的境界。这是从负面出发的某种正面创新，但却是一种掺杂着杂质的某种正面建构，其众多表现形式皆出自自我而不可能有单一的名词来捕捉它。

权且如此吧。人们也许会反驳说，亚里士多德之后，人们过多地倾情于喜剧和悲剧。似乎言语本身足以消除或者把社会表现推广到个体们那里去。一个强势的好政权会把事情办得好一些。这难道不是人们经常应用的柏拉图的一个著名论点吗？让我们听听他的高见吧：

当我们中那些最优秀的人士聆听荷马或某位悲剧诗人模仿一位悲伤中的英雄人物开始一段冗长呻吟时的形态或者捶胸吟唱自己的痛苦时，你知道我们体验着欢快并且一任人们友善地追随着这种欢快……对于滑稽可笑的事难道不也是这样吗？当你在一场戏剧演出或一次私人会话中听到某种你自己羞于说出来的滑稽话，但是你带着强烈的欢快心情去欣赏它而没有指斥其反常时，与病态的感动中同样的情况不是也发生在你身上吗？你通过理性克制的这种让人发笑的欲望，担心被人当做滑稽之徒，你把这种让人发笑的欲望也当做一种职业，且经过这样的强化训练之后，你经常也试两手，但并没有想成为会话中的职业笑星……诗的模仿对于我们不拥有同样的效果吗？它浇灌并滋养着（激情），而应该让这样的激情干涸，它把我们灵魂的指导权给予了激情，而它们理应服从灵魂的指导，使我们成为善良和幸福之人，而非邪恶者和悲惨者。❶

---

❶ Platon, *la République*, X, 605d-606d, pp. 350-351 (tr. E. Chambry, Paris, Gallimard, "Tel", 1992).

这里，我们重新发现了那些支持电视暴力与反对电视暴力的人们之间的辩论。前者认为电视上的暴力清除每个人的暴力倾向；后者则恰恰相反，认为电视暴力赞扬和鼓励个人的暴力倾向，刺激模仿，甚至认为它把它所再现的日常世界的暴力活动合法化了。也许在柏拉图与亚里士多德这种分歧的视野里有着两种对立的哲学观？柏拉图只相信唯一的真理，这样当真理处于统治地位时，无礼就变得无用了。喜剧，广而言之虚构作品，甚至危害灵魂：无礼乃是真理的言语，因而作为真理的无礼就毁坏了，真理之外的所有其他东西都仅仅是人为造作的，而这种言语，就是哲学本身。苏格拉底并非死于他对富人和强势人物的不恭，而是死于他所体现并想推行的真理。而亚里士多德似乎对人的态度更清醒一些，他认为人永远不可能完全让真和善发生，那么戏剧的改编就应该适应它们的不完美形态，倘若想教育自由人走上恰到好处的中位，那么甚至应该把不完美形态的剧情搬上舞台。

所有这一切显然都提出了一个演变着的世界里的表象问题，这个世界最终堕落了。无礼只能变成与权力相关的首席语词，一种还想获得真理照耀的权力。当然，我们有斯多葛派的退隐态度，这是完全可以想象的一种态度；另外，这种哲学态度也确实在若干世纪里占据上风。同时，或者更准确地说，与之相对立，人们也可以如实地反映表象，这种路径甚至可以走向机会主义，但是从揭示表象开始。这就产生了苏格拉底一线人们所谓的犬儒学派。狄奥根尼（Diogène）对亚历山大（Alexandre）说："请离开我的太阳！"犬儒者蔑视权力，因为在他看来，重要的东西另有所在，因为真实在其他地方。应该揭穿各种混淆现象：真正强大的力量来自太阳本身，而非来自它在人间的某种苍白的隐喻，这些隐喻的人味太重。这样一来，犬儒者也就变成了不相信任何事情的人，与一切保持距离，怀疑一切轻率的举动。无礼者的反面最终却参与了某种真理并努力在那些肯定拥有真理的人们那里布置下真理缺失的陷阱。然而，在犬儒主义那里确实存在无礼的某种形式，即传播不尊重自诩价值的无礼形式，即使还不是超越对它们的批判，这种批判最常见的是隐性形式的。无礼是危险的，并非其犬儒形态的一面，而是因为它揭示了某种真实，亦即揭示了某种骗局。假如大家都变成犬儒主义者，这可能意味着大家在玩社会游戏，并不怎么相信这种游戏却假装相信：真正的无礼者拒绝的正是这种假装，而原初的犬儒者似乎正是这种意思。❶ 犬儒态度的演变显然在于历史变化的本身。作为哲学流派的犬儒主义因强势权力的

---

❶ M. Onfray, *Cynisme* (Paris, Grasset, 1990 ; Le Livre de Poche, "Biblio-Essais", 1992).

出现而解散,然而逆来顺受应对强权势力以期超越强权势力而存在下去的态度却延续下来了。于是犬儒主义成为强权无法消灭的东西,成为某种适应自由和某种自卫的自由,成为超越社会范围各种障碍的个人主义和享受的某种表达。犬儒者的道德价值就这样逐渐消失了,大概需要等到尼采,才使犬儒者的道德价值重新进入了人们的趣味日程,理由是,犬儒主义揭示了似乎最根深蒂固的理想。

现代的犬儒主义也许是过于关注表象的小资产阶级能够允许自己的无礼之最,这是一种完全内在的、被遮蔽的、使人"无法相信的"无礼,然而这无关紧要。要紧的是,这是一种放弃真理的方式,如果不这样做,它大概还要迫使人们放弃更多的东西。这是几年前在德国造成一定影响的一部重要书籍的题材,这就是彼特·斯洛泰尔蒂克(Peter Sloterdijk)的《犬儒理性批判》(la *Critique de la raison cynique*)。

古代所认识的犬儒者是一个特立独行者和一种带有挑衅性质的顽固的道德家。在其"木桶"中露宿的狄奥根尼就被认为是这样的说教家。在描述各种社会性格的图画书中,他从此就呈现为这样的讽喻者、个人主义者,狠毒,自诩不需要任何人;谁也不喜欢他,因为他侵犯所有进入

其视线的人们,粗暴地揭露他们。❶

但是,如今已经面目全非了:人们变成了面对犬儒主义本身的犬儒者,出于对"道德和社会习俗的某种彻底讽喻,我们不妨说,似乎一般规律仅仅为了那些痴呆者而存在,而那些深谙社会者的嘴唇上,却浮现着这种宿命般深思熟虑的微笑……在犬儒主义智库的大空间里,各种极端者不期而遇:奥伊伦斯皮格尔(Eulenspiegel)与黎塞留(Richelieu),马基雅维利(Machiavel)与拉摩的侄儿,文艺复兴时期喧嚣一时的贡多铁里骑兵与洛可可高雅的犬儒主义者;那些肆无忌惮的企业家与游离于社会边缘的看破红尘者;经过千锤百炼的系统战略家与没有理想不服从社会指挥的自由人士"❷。总之,我们远离原初意义上犬儒主义的无礼,因为大家都参与:强者参与,因为他是强者;而"平民"亦参与,因为他想上升。与其说犬儒主义是社会升迁的道德,毋宁说它是在整个阶梯中需要结缘之各种价值的浮动道德。对于觊觎新地位的人们,它是解读规范的某种破碎和藩篱,某种谙熟的现实主义可以包裹的某种升迁,以期冷漠地熔铸于它们所相继强加的和自我确

---

❶ P. Sloterdijk, *Critique de la raison cynique*, p. 26 (tr. H. Hildenbrand, Paris, Bourgeois, 1987).
❷ *Ibid.*

立的各种模式。

现代的大众犬儒者失去了个人锐利的一面,并避免置身于剧情中的风险。作为原初的犬儒者,很久以来,他拒绝引起别人的注意和嘲讽……现代的犬儒者是一个完整的反社会者……这是在清醒地知道不应该让自己成为闹剧之傻子的人们中广泛传播的普遍形式。人们甚至可以从中找到某种健康的东西:让自我协调一致的愿望难道不是对此有益吗?这是清醒地意识到天真的时代已经结束的人们的态度。❶

这种犬儒主义体现了启蒙哲学的历史性到来,对于启蒙哲学而言,神话、信仰、幻想、空想本身,都被揭穿为针对未解放思想的众多陷阱。启蒙思想就在于让人们看清,理解;这样从社会到心理维度,人们再也不上任何当。凡是存留下来的,那么就是有用的约定俗成(因此在道德和社会领域出现了实用主义)、习惯,它们没有其他美德,它们的存在就是为了调节共同生活,但没有其他功能。我们猜测,这种犬儒主义失去了其无礼的全部力量:它本身成了可以采纳的合适态度,成了在一个动荡的、不

---

❶ *Ibid.* P. 27.

确定的、失去自己根基的社会里保护和鼓励的约定俗成，这个社会的根基仅被感知为诞生于宗教甚至诞生于等同于"形而上学"之哲学的一种更多的幻觉而已。但是启蒙由此却落到了对其自身之最坏状况的清醒认识：揭穿一切以至于不再相信任何东西的清醒，把无礼变成矢志不移的天真的理想主义者的某种陷阱，这些理想主义者乃是某种什么也没有明白的白痴。面对一个变化中的且越来越不自由的社会作出反应的犬儒主义，接替它的必然是一个不再有任何实际自由、唯有永不回头之怀旧情结的社会内部一种无力的犬儒主义。

倘若问题是弄清人们如何从这种犬儒主义的无礼过渡到某种消毒后的声调优秀的犬儒主义的，把对虚假价值、各式各样之自诩和众多无能的偶尔拒绝变成了面对历史和社会之严酷现实和约束的某种堂吉诃德式的征程，某种可以混同于阻止了人类进步的各种愚蠢信仰的天真，那么毫不逊色的是，真正的问题在于弄清，何以启蒙和普遍意义上的启蒙理想如今变成了自由和反对愚蠢行为之叛逆精神的敌人，另外这些愚蠢行为经常以非常民主的方式，进入了我们这些复杂社会的运行机制本身。

三、基督教与无礼：愚人节与自然回归的威胁

世俗世界显然并不比另一种社会更宽容各种无礼之举：它虽然没有像苏格拉底或耶稣那样消除它们，但是嘲讽它们（如阿里斯托芬或拉丁的讽喻诗），或者当它们显得对当政的强势权力较多或较少攻击性时，便把它们搁置一旁。归根结底，在其桶里露宿的狄奥根尼似乎比苏格拉底的危险少得多。民主难道不是最害怕无礼现象吗，理由是它的妥协建立在舆论的基础上？毫无疑问，强势政体不怎么热爱持不同政见者和反对者，然而无礼的性质与此不同：它从内部指责，但是在某种不同于公开谴责的挑衅中，它尤其瞧不起权力的象征，以期更好地让权力的虚荣和虚空破灭。例如，在某些党派执政的国度，无礼者无时无刻都在引用其先驱，包括最不恰当的形势里，犹如磕磕巴巴地背诵圣经，而在这些地方，传统的反对者更喜欢批评、揭穿神秘氛围、明确地驳斥和指责。无礼者犹如把烟灰缸放在圣书上的人，因为在他看来，后者的文本及其封面的坚固似乎适合于这种做法，而在这种情况下，也许更尊重圣书的反对者会把圣书当做思想之汇集，这些思想都值得从智识上给与粉碎。如此等等。

因而世俗世界只有自无礼不再真正干扰它的时候开

始，才会允许无礼的存在。诸如以喜剧形式对嘲弄的戏剧化，相对于嘲弄和嘲讽性，都产生了距离，这使前者部分产生了免疫力并且间接保护了后者。从这个意义上说，基督教的到来产生了某种真正的决裂效果，因为耶稣就是无礼本身，既相对于当时的知识分子，称之为抄写员（Scribes）或法利赛人（Pharisiens），也相对于他们与之合作的罗马占领者。自视为神的儿子和犹太人民的弥赛亚，亦即自视为引导犹太民族之国王的事实，只有自这样一种自诩置疑神甫们的特权开始，上述事实才变成了某种无礼，于是神甫们以学说的形式断然拒绝了他，因为他自称是神的儿子。这种态度也是对世俗权力的无礼，后者需要一个"和平化"的犹太王国，在那里，人们不想看见深受被压迫民众支持的某个预言家鼓动的某种"抵抗"现象出现。当皮拉特问耶稣，他到底做了什么事，致使大神甫们把他交到他手里时，耶稣回答说："我的王国不属于这个世界。"皮拉特夸张了这一点，不无揶揄地问他："因而你就是国王了？"❶ 众所周知，耶稣被钉在了十字架上，十字架上书写着 I.N.R.I 几个字母，意思是"拿撒勒❷的耶稣，犹太人的国王"，似乎为了更加突出所遭受命运与

---

❶ *La Bible. Nouveau Testament*, Jean, 18, p. 180 (Paris, Le Livre de Poche, 1979).

❷ 耶路撒冷北部地名，据传是耶稣的出生地。

宣称职位之间的落差。

说自己的王国不属于这个世界,对于那些像皮拉特一样选择了人世来运用他们戒尺的人们,显然是一种深深的无礼。不鲁于向他们意味着他们选错了真理,亦即选错了王国。

这样一种谬误,甚至这样一种歧视,只能碰上罗马的占领者。耶稣的信息从深层显示了无礼者在恢复他所面对之人所忽视的正确等级关系时,所完成的颠覆。基督信息的无礼针对的是无视信仰的各种权力和王国的非法性。从这方面言之,基督教是人类历史上最无礼的信息之一。另外在中世纪,教会似乎真地忘记了面对它所敬重并有益地参与其中的人间强权势力的这种无礼关系,愚人节意在成为对无辜的某种庆贺,超越表象对真相的某种庆祝,超越这个时代那些尚且被认为尊敬耶稣的权力而对耶稣的庆贺。这大概回答了乔治·巴朗迪耶(Georges Balandier)提出的判断问题:"在若干城市,驴都被当做教会的王子来对待……某种程度不同地被遮蔽的象征衍动把驴与基督本人结合在一起。这些实践引发了人们的竞相阐释,似乎是为了回答下述谜团:尽管教会捍卫等级关系,那么它为什么与那些嘲弄它自己的活动者们沆瀣一气呢?"❶通常的

---

❶ G. Balandier, *le Pouvoir sur scènes*, p. 91 (Paris, Balland, 1992).

解释是把节日与某种控制程度不同的和异乎寻常的放纵关联起来，超越这种解释，我们可以从一般意义的愚人身上同时找到原罪者和无辜者的影子：然而人们永远仅相对某种预先存在的秩序而犯罪，这就把耶稣变成了某种真正的无辜者，因为犯错的是其他人。教会在谴责这类节日的同时，从某种程度上再次谴责了耶稣。节日里的凌辱和嘲笑令人想起了耶稣被钉在十字架上的屈辱，其时耶稣被带上了写有犹太人"神圣"国王的扎满荆棘的王冠，似乎他的无礼的自诩完全是发疯之举。节日重现了耶稣受难图：因而问题不是禁止它，至少原则上不是这样。

然而愚人也是这样的人，即尽管他摆脱了具有效力的各种规范，或者因为他摆脱了它们，他重新处于原罪者的状态。他是堕落之人，是错误的见证者；这样，疯癫就是对上帝的某种侵犯，而通过它的侵犯之举，它可以被视为亵渎神圣的某种表现，而亵渎神圣的唯一借口，恰恰就是疯狂，除非这是亵渎神圣的一种后果。于是，我们可以把愚人节视为那些把基督钉在十字架上的人们的疯狂之举的某种舞台化。这类节日的过火行为和狂欢许可旨在突出人类的犯罪性质。

在写给哥林多家族（Corinthiens）的第一封诗体书简中，保罗并不满足于颂扬被钉上十字架的基督的疯狂，那是十字的疯狂，而是通过引入视点概念把两种观念相对化。十字在世人的聪慧眼光看来就成了疯狂，而世人的聪慧在基督徒的目光里，就变成了疯狂。这组概念的每一项自身都一分为二，于是中世纪的神学就可以把玩这两种疯狂和这两种聪慧。对于中世纪的人而言，人类的历史是从某种疯狂开始建构的，即堕落的疯狂，这是对上帝的第一次冒犯……原罪与疯狂的这种首要关系重新出现在中世纪的全部道德文学中，道德文学的中世纪很快就与死亡的中世纪结合在一起了。❶

然而不仅是死亡：疯狂中有着某种普遍性的东西，它是人类一般条件的特点。众所周知，这是伊拉斯谟（Erasme）的论点。

我现在回答保罗："由于基督的缘故，我们大家都是疯子。"您不妨这样理解：他是疯狂的最高的担保者，最精彩的赞美者！远远超过这些，他公开地把疯狂建议为一种绝对必要的东西和对拯救特别有益的东西："但愿你们中自视聪明的人变成愚人才能聪明！"……我不认为应该对此感到惊奇，因为神人保罗甚至把某种疯狂的粒子归结

---

❶ J. M. Fritz, *le Discours du Fou au Moyen Age*, p. 167 (Paris, PUF, 1992).

给上帝了："上帝疯狂的东西。"他说："仍然比人类聪明。"……然而我为什么要这么徒劳地不知疲倦地堆积各种见证呢？因为基督公开地对他的父亲上帝说："你了解我的疯狂！"那些愚人们如此深得上帝的喜欢并不是偶然的；我以为这是因为下述理由：正如那些大的王子们把过于聪明的人士都视为可疑人物和敌人……反之，乐于与那些稍嫌粗糙和简单的大脑们交往一样，基督永远谴责并抨击这些以其谨慎为立身之本的聪慧人物。当保罗说"上帝选择了对于世界乃为疯狂的东西……上帝感兴趣的是用疯狂拯救世界……"这些话时，他没有任何含糊地证实了上述基督的态度。但是上帝似乎最乐于相处的还是小孩子、女人和犯罪者……这些文句宣称什么呢？难道不是说，所有固有一死的人都是疯子，甚至那些虔诚的教徒？❶

为什么愚人、无辜者、孩子，还有后来的小丑，他们"有权"无礼呢？为什么他们被认为更接近真相呢？尤其是，为什么人们宽容他们的无礼之举而不宽容我们的相似者的无礼行为呢？这里，神学是个弱势的支撑者。

例如，在疯癫行为中，有一种外置行为、一种拒绝，它似乎是对极端清醒的某种补偿，同时又呈现为极端清醒

---

❶ Erasme, *Eloge de la folie,* 65, pp. 93-94 (Paris, Laffont, "Bouquins", 1992).

的条件。立身于共同体场域及其文化和理性之外,可以更好地看清那些置身于这种场域及其文化和理性之中的人们希望无视的东西,或者很简单无法看到的东西。愚人和孩子中有着某种天真,使得他们接近于自然,亦即接近于上帝,在这种自然状态中,事物没有经过加工,呈现着它们的本来面目,处于某种原初状态,但也处于混沌状态之中,它使愚人或孩子的言语成为隐喻和有时显得很奇怪的或"不合情理"的种种组合的某种网络。一切都混淆在一起,大概以这种名义,很容易拒斥他们的话语。然而这些人代表着文化处心积虑想排斥的所有东西,似乎处于某种原始状态之中:混沌、本能、破例和暴力,不再被尊重的差异状态,因为这些人不再区分,或者他们没有区分的能力。您怎么要求他们尊重"真正的等级",亦即尊重差异,而他们实际上对差异是茫然无知的,有时候甚至不由自主?因而他们使人害怕,同时人们又听从他们的:他们恢复了秩序的本原本身,因为他们属于这种秩序,他们记录了逐渐模糊的种种差异,记录了消失在社会中的种种真相,社会最终吞没了那些不适合其运行、对其运行无用的种种真实。那么愚人就是这个社会的反面,是对社会不运行一面的坦承,是关于社会的真相,而这种真相本身似乎是对强权势力的某种侵犯。愚人的无礼已经是某种破例,而真相要以被排除为代价,以期恢复公正。另外,拥有言说真相之权利永远要以这种方式或那种方式为代价：通过悲惨遭遇、被排斥的命运、变形、失去理智等为代价，似乎极度的清醒应该从某种缺陷中找到其补偿，后者恢复事物的正确平衡。即便无礼无需支付费用，它也要为自己的行为付出代价。

这样，代表天性的愚人就是文明性排斥行为的反面：他是极端色情和脱缰野马般力比多的象征，是不谙社会约束的自由言语的象征，是表达人之动物性的原始性的象征，尽管这种动物性不断地回到他、回到我们身上，他寻求超越这种动物性。

深言之，真相永远不可能和盘托出，它永远应该以某人为中介，这个人行将以某种劣势为这种优势付出代价，劣势恢复了平衡。这种情况同时让人们不要相信这种真相。谁愿意一定要相信孩子、愚人或小丑？人们可以粗暴地对待他们（"别这么不靠谱！"），但是人们也倾向于相信他们，因为他们是弱者，因为他们还处于或已经处于社会游戏之外，他们看待事物时没有社会游戏那种工于计算的有色眼镜。然而，细想之下，他们彰显着某种谜团、社会真相的某种谜团：似乎真相永远不可能和盘托出，需要把它舞台化，并为之找到某种代言人，后者动摇社会的力量和支撑。在这些条件下，怎么可能避免犬儒主义变成机会主义、避免某种清醒缄默不语呢？因为反其道而行之是令人讪笑的，甚至是危险的。

无论如何，我们从愚人、无辜者、小丑们的侵犯中找到了相对于法律的某种外在性，法律亦即至高无上的差异性。同时，他们的言语又脱离了各种差异，一切都混淆在一起，良莠不分。这样，愚人就是我们中的他者，就是人们排斥的对象，就是纯粹的差异，即永远驻于我们之身的动物性和排他的天性。因而，某种我们既在那儿，又不在那儿，他让我们看到了我们自身的画像，然而同时又绝对不同于我们和我们的理想。毋宁说属于他的差异是他不再区分，而我们自以为可以避免任何有违规则的行为，却深受有待建立之正确区别、需要尊敬之种种等级关系、需要承担之社会秩序的影响。在我们心灵深处呼喊"是否就应该是这个样子？"的声音，这种有时候弱小和暗哑的嗓音，这是每个人的疯癫，因为置疑的无礼自古以来就受到谴责，这种疯癫就只能是这样，尽管它也代表着被人们所欣赏的勇敢。有些地方，人们欣赏自己想做的事情，同时又经历着对该事情的排斥，因为他没有付诸行动。但是，在其本性本身中体现人类的条件时，在愚人那里，有着与每个人相近的东西，另外，这就是伊拉斯谟的《疯狂赞》（l'*Eloge de la folie*）的题材本身。愚人值得保护，就像村庄天真无邪的村夫一样。他是共同体的真相，它的差异，它的他者，因而也是一般意义上的差异、四季更新的差异、年复一年的差异、大自然复苏繁殖的差异：众多的时日都需要以节日的形式来庆祝。愚人仅以自己一身就代表着人们既尊重又恐惧的差异；同时，他也是所有这些变化拥有之恐惧性和破坏性的象征。距离也扎扎实实地得以确立，因为他似乎立于人性之外，仅让他身上的自然性发声。

  无礼者是某种"决裂者"，存在让他远离人群的多种方式，即使他回应着社会生活的某种需要。决裂情节的礼仪化赋予某种增长的舞台化的可能性，然后才变成以此为特征的纯粹的简单的戏剧性。把无礼重新插入某种特殊的框架内，可以把它可能拥有的负面效果纳入渠道。因而到戏剧中去寻找影响了西方传统无礼的原型，是比较恰当的。

第三章 西方无礼的两大文学原型：《李尔王》和《唐璜》，滑稽小丑与领主

一、从愚人到滑稽小丑

愚人对于大众文化就像滑稽小丑对于宫廷社会一样。宫廷社会越稳定，君主政权越集中，愚人就越变成应该搁置一旁的这种失去理智的病症。远早于福柯，巴赫金就提出了大众滑稽与浪漫主义滑稽的对立："在大众滑稽中，疯狂是对官方精神、对单维重力、对官方真相的某种欢快的讽刺性模仿。这是一种节日的狂欢。而在浪漫主义的滑稽中，疯狂获得了个人孤独的灰暗的、悲剧性的细微区别。"❶ 人们从清醒过渡到盲目：愚人不再意味着人类的

---

❶ M. Bakhtine, *op. cit.*, p. 49.

条件（伊拉斯谟），而是由其言语和行为呈现为一个边缘人物，其言语和行为对其他人已经不再有意义，他因而与其他人割断了关系。于是，无礼躲进了这些模仿和讽喻他人的舞台人物之中，他们有时与这个或那个足够富裕、可以豢养一群矮子和小丑的王子联系起来，从而结束他们的流浪生活。这种实践不能不使人们联想起希腊人中的告密者的实践活动：这些人是由那些无趣的富人款待的一些寄生者，即使最初他们的活动原本是作为告密者而服务于他们的主人，然后才专门让他们消遣的。那么告密者不能呈现为真相的某种拥有者吗？然而，假如实质上是为了告发其他人，告密者还是远离无礼行为的；反之，即是使用最下作的手段之一，通过极力取悦于权力并恭维权力的龌龊之处而参与权力，这种龌龊包括排除和惩罚那些被告密者告发的人们。告密者由此而获得了某种未来的批评话语的权利吗？即人们有时承认那些同流合污者的批评话语，当然前提是，主人依然是主人，而服务者即使成为贴身信徒却仍然是服务者。人们经常看到这样一种合谋，它最终对于在拥有某种热情的低下者那里引发这种合谋的人并不值钱，除非在卑下的勾当中作出妥协。恩宠和偏爱有时候付出的代价很昂贵，倘若有某种无礼被认为符合给出他们的人们的身份，总有一天，他们把你们重新放回你们自己位置的危险性很大。强制为之。很简单，因为这样赋予的权

第三章 西方无礼的两大文学原型:《李尔王》和《唐璜》,滑稽小丑与领主

利之所以成行,那是因为任何时候主人们都知道,差异对他们有利。在强大者的餐桌上吃饭以揭发小人物,似乎揭发者自己不再属于小人物,这种做法永远是危险的。在这类事件里,希腊形式的滑稽者不再是直至现在我们所理解意义上的愚人。另外,没有任何事情阻止我们想象,到了第二阶段,告密者工于真正把真相告诉他的主人,不管真相是哪种类型。从告密者向取悦者、再从取悦者向"哲学家"的这种过渡很说明柏拉图和亚里士多德之后以及罗马世界里真理的地位情况。滑稽小丑难道不首先是"鼓腮"逗乐、最佳情况下换取他所引发之笑声或者更严重时换取他用自己身体本身所引述的笑声的人吗?

只有当社会重新等级化、王子们和宫廷得以建立或强化时,以前那些在市场上逗群体取乐者或各式各样的杂耍者,才定型为后来的滑稽小丑。人们把这个定型确定在14世纪,并相信它们发生在法兰西国王的宫廷里。例如,我们都还记得罗赖,他是跟随菲利普·德·瓦鲁瓦(Phlippe de Valois)的第一个官方的滑稽小丑。人们也还想得起特里布莱,他是路易十二和弗朗索瓦一世的滑稽小丑,维克多·雨果在他的剧作《国王取乐》(*Le roi s'amuse*)里,把他改造为"现代小丑",亦即术语出现以前的小布尔乔亚,我们稍后还会再次谈到雨果的这部剧作。滑稽小丑在路易十四时代从宫廷消失,当时莫里哀在

自己的喜剧中以自己的方式获得了他们的功能。意大利戏剧的阿尔勒契诺（Arlequin）❶和胆怯者（Scaramouche）先于斯卡潘（Scapin），他们懂得在布尔乔亚和市民世界里创造一种笑声和旨在代替从前愚人节并将其世俗化的小丑们。于是，我们看到意大利出现了仆人（Arlequin）和长裤（Pantalon，由此出现了"长裤剧"即庸俗的滑稽剧），英国出现了木偶戏（Punch），德国出现了傻瓜（Hanswurst，17和18世纪中德国戏剧中的丑角，一如让·布丹/Jean Boudin），或者还有法国的喜剧人物若谒丽斯（Jocrisse）和卡戴—鲁塞尔（Cadet-Rousselle）。被巩固的君主政体，利用君主政体在社会阶梯中频频上升的资产阶级，更广泛言之，1450年之后得以恢复的社会流动性，我们不妨提醒大家，它们也都与无礼一词大体上同时出现，这个词表示在一个动荡的世界里的不尊重行为，这个动荡的世界试图围绕宫廷，带着它自身的等级重新编码。另外，这个概念的普遍化发生在路易十四统治时期，因为无礼者是一个从人逐渐占领物和物质的风貌、它们的名称本身的语词，直至影响了最细小的符号。只是到了浪

---

❶ 阿尔勒契诺（意大利语写法：Arlecchino）是意大利戏剧中的一个仆人，有一点笨，十分活泼，总是用一种小丑的方式蹦蹦跳跳，使演员有一种滑稽的效果。他的衣服是各种颜色的布拼起来的"百衲衣"，头戴白色毡帽，腰带里别着小木铲（用来敲打别人用的），戴一副半脸的魔鬼面具。——译者注

漫主义时代，无礼一词才成为上层精神的同义词，所谓的上层精神，有时有点下流，但永远充满挑衅，因为它要挑逗其他人，挑逗"大众"。

二、滑稽小丑与领主

愚人消失了，代之而起的是仆人，大概继流浪的乞丐之后，因为已经没有还处于自由状态、被猎奇所诱惑的骑士，欧洲的君主政体一直小心翼翼、唯恐骑士从这个世界上消失了。然而，仆人需要一个主人，即使他敢像桑丘·潘沙❶（Sancho Pança）那样向主人言说真相，从根本上说，这丝毫不能改变他完全依赖主人的各种决定。他帮助主人并服务于他，他的功能不是或不再是言说真相。此即仆人或者滑稽小丑的蜕化。无礼行将转移到另一种形式下，转移到另一个人物身上，他因唐璜之名而永垂史册。

那么，无礼将不再是决心自己冒着风险、突出另一等级、另一价值阶梯之高贵性，或者仅仅在于捍卫已经存在但被那些自称忠实于该价值阶梯的人们所鞭挞之价值阶梯的下层人士的言语或态度吗？

---

❶ 《堂吉诃德》小说中的人物，堂吉诃德的仆人。——译者注

让我们更贴近地观照这个问题。无礼的所有形式拥有某种共同的东西，我们刚刚提示了这一点，但是，我们将看到，李尔王的小丑或李尔王本人，都以某种特征与唐璜相区别，这使他们在描述上互为补充。滑稽小丑——莎士比亚在这里把滑稽小丑等同于愚人，没关系，我们将他们相区别——代表着政治上的无礼，并把自己的言语嫁接在权力的言语之上，而唐璜嘲弄那些婚姻方面的习俗和许诺，尤其关注性并揭露文化和社会对性的所有投资，把性压缩为纯粹的自然表现，压缩为某种自由，人们从文化上把玩这种自由，以期从本能上实现它。权力与性是两大激情、两大原罪，傲慢原罪和肉欲原罪，是群体和文化的建构性排斥的反面。这样，差异并没有重新找到它的权利，而是找到了它的力量。被揭开面纱的潜在的无礼得以确立、恢复、表述、表现，并将其真实面目暴露于光天化日之下：走下了神坛。

但是，《李尔王》或《唐璜》的各种版本还提供了另一种互补性：莎士比亚的滑稽小丑之所以像他所做的那样放纵，那是因为他在其中发挥作用的那些结构破灭了，颠覆了确立给所有人的社会秩序。反之，在唐璜那里，却是这种秩序太僵化；这就迫使个人把玩它，通过知性和行动把它压缩到他依靠或"尊重"与否的某种习俗之中。这是从中获得一定解放的唯一手段。这里的后果也很悲惨。

第三章 西方无礼的两大文学原型：《李尔王》和《唐璜》，滑稽小丑与领主

不管事情背离了它们本应保持的面貌或者不幸落得如此面目，由此浮现的无礼都在于保持差距。

滑稽小丑或领主是无礼的两种基本方式，他们既是穿越历史也是穿越历史之文学表现的两种范式。唐璜象征着把他所属之社会的要求踩在脚下的个人，而滑稽小丑至少在《李尔王》里代表着承受已经编制了基本和表象的社会秩序之颠覆的人。正是这种动荡把事物的流程变成了真正的滑稽剧。滑稽小丑让人们看清那些主要角色们看不清的东西，或者时机还不太晚时拒绝看的东西。因而，这是无礼的两种类型：一种突出事物秩序的颠覆，并由此而突出颠覆的不道德风貌，而另一种则在某种已建立秩序的基础上，歧视该秩序的价值。《李尔王》的滑稽小丑参与了他一直服务的价值，甚至当人们以为看到它们被人尊重的时候，正是它们垮塌了；至于唐璜，他并不赋予它们什么价值，甚至是因为它们的约定俗成性质和强制性质。在两种情况里，都有着对种种等级制度的重新质疑，以这些制度不能接受的某种真理的名义：它们毫不留情地不顾一切地强加它们的回答。

三、李尔王

让我们简略回顾历史，至少回顾那些在这里让我们感兴趣的内容。李尔王决定把他的王国分给他的三个女儿，出于虚荣，他要求她们首先向他宣誓对他的爱。两个女儿这样做了，科第丽霞例外：后者真正爱她的父亲，她看不出投入这场宣誓喜剧的必要性，对父亲的爱是多么自然而然的事情。李尔王生气了。他的高傲受到了伤害，他取消了科第丽霞的继承权，将之平分给了其他两个女儿，她们很快迫使他处于一无所有的状态，李尔王简直不相信自己的双目。另外，全剧都以心灵和身体的盲目为核心。

但是，起初，服务于李尔王的肯脱伯爵曾经警告过他：

——当李尔疯了之后可以说肯脱是个不敬之徒。老家伙，你到底想干什么？你以为当权力在恭维面前倒塌时，谦虚之人会害怕说话？当尊严掉入疯狂中时，荣誉属于正直。[1]

---

[1] W. Shakespeare, *le Roi Lear*, acte I, scène I, p. 47 (tr. J. M. Déplats, Paris, Gallimard, 1993).

第三章　西方无礼的两大文学原型:《李尔王》和《唐璜》,滑稽小丑与领主

　　李尔在谁真正爱他这个问题上盲目了:他对漂亮言辞的满足乃是他的疯狂之举。盲目和失去眼球之痛构成了李尔王与他身边那些人之疯狂的某种隐喻,这种疯狂将把世界带入它的没落之中。

　　肯脱敢于说话;用李尔的话说,这是"我们的本性和我们的地位都不能宽容"的事情❶。肯脱应该从王国被流放他乡。科第丽霞从前虽然是李尔王最疼爱的女儿,如今却被剥夺了继承权,谁会娶她呢?当两个获得继承权的女儿贡纳梨和吕甘无视其父的种种突然变化和兴之所至时,法兰西国王最终决定带着科第丽霞远离家乡。反叛已经不远了。

　　这里,格洛斯特(Gloucester)的两个儿子即非婚生儿子埃德蒙与婚生儿子埃德加之间的对立也加剧了,埃德加自称想从其父那里获得李尔赠与他的女儿的东西。格洛斯特本人描写这个变化了的世界,它的现实垮塌了,它的新表象摧毁了那些上当的人们,从他本人开始:

爱冷却了,友情重新失去了,兄弟们分道扬镳;城市间发生骚乱;农村里乡人不睦;宫廷里背叛盛行;儿子与父亲的联系则中断了……所有破坏性的混乱追踪着我们并

---

❶ *Ibid*. p. 48.

无言地把我们一直送进坟墓。❶

　　一切是非都被颠倒被颠覆了：作为法律的差异隐没了；先前之所是发生了逆变，先前没有的东西出现了。要勇敢地正视它们，表述它们。当人们生活在同一性和稳定性的幻觉中时，谁来强调差异呢？如果不是差异之首领，不是差异的清醒的旗手，又会是谁呢？因为他是变异性本身。不再区分事物难道更多地不是傻子的特权吗？亦即相对于清醒者的盲目者，清醒者应该懂得分辨良莠，像爱特门和埃特加那样有着兄弟外表的良莠。然而，一般而言，酷似是骗人的。在这个情况里也一样。葛罗斯脱没有看清他儿子的面目，就像李尔没有认清两个女儿一样。但是，李尔不会疯，因为他是国王：对于一个国王而言，不再是国王了，那就是疯了，然而当你不是一个疯子时，你又是什么呢？一切都混淆在一起，一切都只能是混淆，而靠混淆取乐的疯子却变成了世界上最严肃之人。世界发疯了，而疯子变成了智者。他的无礼就是表述这个世界。谁还能听他的话呢？

　　最晦气意义上的无礼，首先就是李尔被其女儿对待的方式；例如当他住在贡纳梨家时，人们缺乏对他的尊重，

---

❶ *Ibid.* Scène II, p. 61.

仆人们勉强听他的话，也没有更多地服从他。诸如国王与其臣下的差异，或者父亲与女儿的差异等，各种差异都模糊了，这是真正的、粗暴的无礼，是不包括傲慢在内的呈现为符号影响的无礼，归根结底的后果是，无政府和混乱，法律的终结。

当疯子出现在剧中时，李尔呼唤着他，他开始嘲讽肯脱，而先前被李尔王赶走的肯脱已经化装后重新回来服侍他，但是他也嘲弄他的主人，后者已经不拥有任何东西还自诩像一个国王一样地生活着，而他实际上已经让出了他的王国。例如，他这样唱给李尔：

> 愚人的价值从来没有现在这样低，因为变成愚人的智者不知道如何彰显他们的精神，于是就开始模仿愚人。❶

显而易见，李尔模仿他的愚人，而愚不可及的是，他自以为智者，并不知道他已经什么都不是了。

> ——我很惊奇你和你的女儿还是父女关系。她们想让人鞭挞我，因为我说了真话，而你呢，你也想让人鞭挞我，因为我扯谎，有时候人们殴打我，那是因为我坚守自

---

❶ *Ibid.* Scène IV, p. 75.

己的语言。我宁肯什么都不是，也不愿意做愚人。❶

假如大家都疯了，愚人就什么也不是了。这是从好无礼向坏无礼的过渡。"我现在比你强"，他对李尔说，"我现在疯了，而你则一无是处。"❷ 所有这些无礼都刺激着贡纳梨，她训斥并威胁父亲。李尔反问自己他是否还是自己："谁能告诉我，我到底是谁？"❸ 唯有愚人可以告诉他，然而他是一个国王的愚人，而不是另一个自视为国王的愚人的愚人。被贡纳梨赶出家门的李尔非常生气，他决定到另一个女儿那里去寻求帮助和支持。但是接待并非更好一点。于是他呼唤苍天不要发疯。吕甘拒绝接待他。两个女儿都把他当做一个痴呆的老人。

李尔通过放弃其王位而颠覆的社会秩序重新获得了自己的权利，自然界的权利，如弱肉强食、弱者偷盗富人等。李尔面对阴谋和背叛逐渐失去理智后，等同于他的愚人，因为他变成了愚人；莎士比亚让这种愚人从剧本中消失；这是一个毫不犹豫地告诉关心自己差异、保持自己差异即自己身份的李尔真相的愚人——当李尔对他的愚人说："小子，你把我当成疯子啦？"愚人回答说："所

---

❶ *Ibid*. p. 76.
❷ *Ibid*.
❸ *Ibid*. p. 78.

第三章　西方无礼的两大文学原型：《李尔王》和《唐璜》，滑稽小丑与领主

有其他头衔，你把它们放弃了：这个头衔却是你与生俱来的。"肯脱并且补充说："这并非完全是疯话，我的领主。"❶

李尔王的愚人的无礼与他的女儿理应受到谴责的对父亲的无礼没有任何可比之处。恰恰相反，前者的无礼并不缺乏对他的尊重，而是让他睁开了双目。滑稽小丑的无礼是每个人都应表现出的无礼，它是清醒和聪明的见证。然而当大家都变成疯子之后，愚人又有什么用呢？人们可以说，在莎士比亚的这部剧作里，愚人彰显了人类的条件，有点类似于在伊拉斯谟那儿一样；但是，这样就有点把莎士比亚创新的雄心压缩了。在《李尔王》的愚人身上，有一种增补的维度，即展示揭露真相的无礼没有任何愚蠢之举。相反，当它揭露那些被历史粉碎的腐蚀性结构和蛀虫时，愚人的无礼完全摆脱了疯狂。正是历史通过把过去那些真相暴露在表面并让它们成为景观时，才迫使人们采取无礼行为的。在莎士比亚那里，无礼脱离了疯狂，因为代表这种无礼的愚人乃是智慧本身，人们未能领会的一种智慧，至少没有比消逝的时光理解得更多的智慧。无礼揭示了疯狂的真相，疯狂不再是清醒而变成它的反面，这是影响李尔灵魂的一种疾病。在伊拉斯谟那里，任何人都有无

---

❶ *Ibid*. Scène IV, p. 221.

礼的天然因子，就像在莎士比亚那里，每个人都是历史的果实一样。历史的无礼就是它不让那些承受它的人们感知到它的无礼，而正是从这个时候起，失去理智的人行将统治人们和他们的激情。愚人的无礼与他一起消失，但是，整个世界随之垮塌。一些滑稽小丑掌握了政权，而另一些滑稽小丑则执掌权力。

毫无疑问，滑稽小丑的传统在西方历史中一直留存到很晚，莎士比亚从自己的目的出发古为今用，但是在他那里新颖的东西，例如在《李尔王》等作品中那样，就是滑稽小丑远离取悦国王、远离仅仅根据情势告诉他这种或那种真相的形态，几乎转而全部反对他并嘲弄他，并由此而自我抨击了自己的滑稽小丑的功能。

四、唐璜或完全的无礼

各种不同形式下，民间形式和戏剧形式下滑稽小丑之所以能够如此代表西方的重大形象之一，那是因为西方建立在对诸神和上帝的无礼性的独立之上。唐璜是这些神话形象的另一种形式，是消失在仆人中的滑稽小丑的某种反面镜像。脱离了滑稽小丑形态的无礼将从何处找到自己的表达呢？现在，当疯狂已经变成不遵守规则和疾病时，还有无礼的位置吗？它难道不是不得不服从于王室管制的王子和领主们的特权吗？

秩序确实重新占据了统治地位。各种君主政体在这种秩序中得以展开：李尔只是它们的某种漫画形象。无疑，存在一些弱势国王，甚至愚蠢的国王，然而尤其存在种种强势国王或变成强势的国王。要改变规则，应该假装服从它。然而人们能够长期制造幻觉吗？欺骗以赢得时间，这是唐璜的全部挑战。那么唐璜是仅仅引述自身成为目的的某种诱惑吗？不管是普希金还是莫里哀，（莫扎特《唐·乔瓦尼》/*Don Giovanni*的剧本作家）达·彭特（Da Ponte）或蒂尔索·德·莫里纳（Tirso de Molina），神话及其文学体现的丰富性都不允许这样一种压缩。假如自身作为目的的诱惑遮蔽了某种更深刻的未言明内容，而对女性乐趣的无限追求只是这种更深刻内容的某种隐喻或某种工具又当如何呢？

为什么唐璜如此罪孽深重？归根结底，对女人的兴趣和性欲的追求并非新鲜的东西。另外，它并不比不信守自己诺言的现象更新鲜。背叛行为和背信弃义并非始自唐璜。那么三个多世纪以来唐璜神话的丰富性从何而来呢？

我们可以尝试一种回答。唐璜象征着完全彻底的无礼，嫉妒我们和我们予以拒绝的无礼。因为害怕，但也出于尊敬：尊敬上帝及其指导；尊重人间的法令和法律；尊重其他人以及把我们与他们联系起来的种种介入。这不再是小人物的无礼,甚至也不是针对他的无礼了,反之,这是后宫男人、强者和富人的无礼,他们嘲弄强权、富裕和荣誉赖以建立的种种价值。假如不是上帝本人,谁还能惩罚他呢?唐璜对所有神圣之物的无礼,这种无礼某种程度上的膨胀,把他置于他的等级之外,而这种等级通常保护他,使他得以利用与之相关联的种种特权。

在蒂尔索·德·莫利纳的剧作里,我们看到,唐璜欺骗了已经许给西班牙一位大人物的贵族女士伊莎贝尔之后,由于其父亲的干预,仅仅被判处流放,他的父亲唐·迪耶葛是国王的一位亲近人士。唐璜利用了他的社会地位直至在他的诱惑事业中向他提供的种种便利。在蒂尔索的版本中,唐璜诱惑一位年轻的道德败坏的女人蒂斯柏,并向她许诺婚姻。他显然并没有遵守这种许诺,正如他的仆人卡特利农所强调的那样,没有遵守"你保留给她的花言巧语"![1] 辜负了这位把他从溺亡事故中救出的姑娘。但是,她为什么要委身于他呢?出于虚荣、高傲,还是弱点?

---

[1] Tirso de Molina, *l'Abuseur de Séville*, acte I, p. 77 (tr. P. Guenoun, Paris, Aubier, 1991).

第三章 西方无礼的两大文学原型：《李尔王》和《唐璜》，滑稽小丑与领主

是的，我是嘲笑了许多男人并一直嘲笑那些嘲弄男人但终究被男人玩弄的女人。一位骑士信誓旦旦地向我许诺娶我而欺骗了我，他亵渎了我的贞操和美德。❶

事实上，唐璜正当地判断了事情：他所腐蚀的是虚荣的肉体，然而这种虚荣的肉体在诸如与某位败坏之人联姻的那些女士那里已经堕落了？唐璜就这样在一位女农民的婚嫁当日拐骗了她。那么他是怎么说服她的，难道不是自吹为困扰其猎物的社会雄心的象征本身吗？

我是一个贵族骑士，从前塞维勒的占领者老泰诺利奥家族的长子。宫廷中，人们认为并发现，国王之下，就是我父亲说了算，生杀大权都是他的一句话。❷

这就是可以更多地诱惑一个懂得自己美貌之价值并善于把它变成金钱的年轻女性的资本。这就是阿敏特向他委身的原因，深信这是一桩好生意。至于那些贵族妇女们，某种称号并不能使她们感兴趣，因为她们已经拥有这种身份，她们更多地是为自己的弱势而悲哀，归根结底，她们

---

❶ *Ibid.*, p. 83.
❷ *Ibid.*, acte III, p. 145.

只能为自己失去的名誉而哭泣。这里也一样，究竟是谁在鞭挞爱情和感情的真实性，这些女人还是熟悉她们并玩弄她们的唐璜？让我们听听多娜·伊莎贝尔是怎样说的：

> *我的悲哀并非多么来自做了唐璜的女人：大家都了解他的高贵地位。而是关于我失去名声的传播噪音造成了我的痛苦。*❶

在莫里哀那里也一样，我们发现了一个毫不犹豫地彰显其社会地位以欺骗年轻女性的唐璜。夏洛特甚至许诺一旦嫁给唐璜就帮助她的皮埃罗。那里每次都有唐璜与其猎物之间的某种合同。但是，在建立在荣誉而非交易基础上的贵族社会里，交易是一种堕落和异物。他通过无视腐蚀其社会的布尔乔亚性质的交易而真地背叛了他的社会吗？当唐璜中断合同时，他其实恢复了合同的潜在内容：糟糕的一点并不是没有兑现他的话语，而更多地是通过把爱情和感情压缩为某种形式上的甚至法律上的交易从而破坏了爱情和感情。倘若爱情有其权利，在任何形式化的或合法的交易之外发展爱情，难道不是从深刻的真理层面恢复它吗？在所有这些漂亮女人与唐璜之间真的有这样一种爱情

---

❶ *Ibid.*, p. 149.

吗?通常,当他玩弄她们时,她们甚至并不知道他是谁,而当她们知道他是谁时,那是为了获得某种名称或地位。当唐璜在情感领域拒绝为了合同的价值而牺牲自己的游戏时,他把爱情置于规范之外,亦即置于社会之外。在那里,爱情是纯粹的欲望,严格地说,自然性自由地发挥着作用。

唐璜的无礼属于对社会许诺、对合同的拒绝;通过违背他自身的承诺,他一直追随自己的逻辑,倘若本性只能在这种条件下重拾自己的权利,那么活该。他交易或者更多地假装交易不能交易的东西,通过像他那样把玩自己的许诺,他对一般意义上的爱和天生自由的不可压缩性作出了奉献。唐璜把他所歧视的一种逻辑坚持到底,其追求的不合时宜鲜明地突出了下述一点,即爱不欠任何东西,当人们爱的时候,假如人们真爱的时候,假如人们只是真爱的话,爱恋者不亏欠任何东西。唐璜微妙的游戏建立在社会提供给他的所有资源的基础上,或者更准确地说,建立在他的社会提供给他的所有资源的基础上,由此彰显了社会中无用或应该谴责的东西。他之所以不直面社会,那是因为他并不怎么关心它。他逃避了人们许诺给他的全部惩罚,人们为他准备的全部报复,而他之所以最后陷落,那是在骑士魔幻般的神秘的打击下失手的,他在一次打斗中杀害了骑士,骑士从阴间来报复他。上帝的声音,神界惩罚的声音，死亡和监狱，唯有这些元素有理由战胜他。当对他的惩罚来自一位石头伙伴，人们会如何想象无礼呢？

简言之，唐璜的无礼不在于他从其社会约束中揭露出的性，也不在于此举所恢复的欲望的无穷性。我们不妨这样说，在本章的标题内，它是全面的。它既针对权力和虚荣，也针对利益的诱惑。另外，正是这一点，乃是莫里哀之《唐璜》相对于其他版本之唐璜的重大独创性之一。我们从中找到了这方面的两个典型场景：穷人的场景和迪芒什先生的场景。

在穷人的场景里（第三幕第二场），唐璜要求穷人发誓，以换取他准备给予他的小恩小惠。但是后者拒绝了：

——不，先生，我宁肯饿死。

唐璜：走吧，走吧，我出于人类之爱给予你的。

面对金钱的无礼，唯有唐璜所表现的对宗教的无礼可以相媲美。没有任何东西是神圣的，一个金路易足以抵得上一种亵渎。一切与一切相等，犹如一个女人等同于另一个女人。然而不能允许自己有任何无礼举措的穷者，拒绝发誓，而唐璜之所以还是给了他一些钱，那是因为财富的价值并不超越需要为之服务的人类，那些热爱金钱的人们毫不犹豫地把金钱投资于人类，另外就像上帝那样。当他的债权人迪芒什先生前来收债时，唐璜对待他的态度无异于诱惑一个女人：他恭维他。迪芒什先生能够服务于如此高位的一个人显然感到非常荣幸，唐璜正是基于他的这个弱点把他支应走了而没有偿还他债务。

> 迪芒什先生：先生，我是您的服务者。
> 唐璜：当然啦！我全身心地听您吩咐。
> 迪芒什先生：您给予我过多的荣誉。我……
> 唐璜：举手之劳，何足挂齿。
> 迪芒什先生：先生，您对我真是太仁慈了。
> 唐璜：这并非出于利益，我请您相信它。
> 迪芒什先生：我肯定不值得这种优待。但是，先生……❶

假如说把钱给穷人很重要，然而债权人被简单的恭维就打发了，这是其虚荣心的代价。唐璜通过他的态度，展示了他对金钱的全部无礼。唐璜的无礼性颠覆是：对于很有钱的人，金钱一文不值；而对于金钱一文不值，除非满足其自尊心以外的人，（为了留住他）金钱又很值钱。总

---

❶ Molière, *Dom Juan*, acte IV, scène III.

之，当金钱很值钱时，它就一文不值；而当它没有什么价值时，它却很值钱。这即是说，在两种情况下，在那些把金钱看得很重的人们看来，唐璜都以无礼的态度对待金钱，就像他把婚姻看得很轻一样。然而归根结底谁是无礼者呢？是忘却本性、把上帝置于自己的饥饿之上的乞丐？还是借钱给贵族公子因为他是贵族的债权者呢？抑或超越任何表象、使穷人和借贷者成为受害者的表象而贬低财富的唐璜呢？这就是著名的第五场所表现的内容，在这一场里，唐璜的虚伪达到了极限。另外，这里也提出了一个严肃的问题，即虚伪与无礼之间的关系问题。应该区别《答尔丢夫》（*Tartuffe*）与《唐璜》的意义。答尔丢夫是一个把玩所有社会渠道的伪善者。这是一个诚实人，他潜入社会的最深层。反之，厌世者阿尔塞斯特拒绝任何折中行为，甚至任何调和。在答尔丢夫之内与厌世者之外，我们找到了唐璜。这个人物既是内，因为他是西班牙的大人物；又是外，因为他践踏编织社会性的各种价值，例如金钱、傲慢亦即虚荣、权力、荣誉，最后还有通过其性激情的粗暴性，践踏了婚姻。这并没有阻止他利用这一切获取他的最大利益，就像其他人一样。这正是无礼者的全部悖论，他的力量与其弱点之间的悖论，因为他很少有好下场。唐璜这样的无礼者轻视各种虚假的差异，因而一切与一切等值，这似乎是亵渎神灵和大逆不道的。

第三章 西方无礼的两大文学原型:《李尔王》和《唐璜》,滑稽小丑与领主

我们在唐璜那里再次找到了自圣奥古斯丁至当时穿越整个西方的界定人之本性的三大激情。❶ 对于他而言,原罪是三重的,而正是由于这种原罪,人与上帝隔断了联系("堕落")。人独立为自我,人的伟大,然而尤其是人的悲惨命运和他的不幸(帕斯卡)。原罪肯定是一种傲慢罪,但也是一种肉欲罪(亚当咬了"苹果")和一种觊觎罪,占有不属于你的禁果就是这种原罪的象征。通过这种原罪,人忘了自己只是伊甸园的租客而非主人。他把自己等同于上帝吗?他自诩取代他还是仅仅可以没有他?傲慢、虚荣、权力欲在这里取代占有天堂花园里之生长物的贪婪性,而欲望把性爱看做是真爱,取代了人应该献给上帝的爱。好色、贪婪、傲慢;追求男欢女乐、财富、权力:这是直接界定人之本性的三大动机。因此,信奉基督教的人应该体现出向贫、贞洁和谦虚的愿望。虚伪者让人相信,他对金钱、权力和女人并没有多大兴趣,而他实际上在积极地追求她们(它们)。无礼者并不忽视人间的激情,但是他以超脱的态度,也可能以嘲弄的态度对待它们,因为它们是微不足道的。无论如何,他恰恰是以自己的无礼者的修辞,以间接的方式,揭露其他人的动机,即

---

❶ *Cf.* M. Meyer, *le Philosophe et les passions* (Le Livre de Poche, "Biblio-Essais", 1991).

使后者假装认同其他价值,一般而言,这些价值比真正属于他们自己的价值更高贵。假如唐璜没有如此厚颜无耻地肯定他的激情,超越旨在改变这些激情性质的社会面具,那么唐璜爱女人,或爱金钱,或者爱与其社会地位相应的荣誉的行为中就没有任何无礼的东西。事实上,唐璜货真价实地拿过这些激情,每个人都试图满足但却掩饰其行为的简单而又真实的激情;人们谈论契约,像斯伽纳雷尔一样地谈论典押品;剧末,当唐璜被沉入地狱的烈火中时,斯伽纳雷尔大声喊道:"啊,我的工资,我的工资!他的死使每个人都得到了满足:苍天被冒犯,法律被违反,姑娘们被诱惑,家庭名声扫地……大家都高兴了,唯有我自己是不幸者。我的工资,我的工资,我的工资啊!"❶人们谈论许诺、婚姻或债务,或者还谈论荣誉;简言之,人们没有揭示什么是欲望,什么是贪婪,什么是强者的傲慢。深言之,唐璜真正伤害的,恰恰是伪善:

斯伽纳雷尔:什么?您什么都不相信,却想把自己标举为善人?

唐璜:为什么不呢?许多人像我一样,都混入了这个行业,他们也都使用同样的面具来欺世盗名!

---

❶ Molière, *Dom Juan*, acte V, scène III.

第三章　西方无礼的两大文学原型：《李尔王》和《唐璜》，滑稽小丑与领主

斯伽纳雷尔：啊！什么人呐！什么人呐！

唐璜：现在做这类事已经没有羞耻了：虚伪是一种时尚的缺陷，而所有时尚的缺陷都成了美德。善人的形象是现在能够扮演的所有人物形象中最好的形象，而伪善者的职业有着美妙的好处。这是一种欺骗永远受到尊重的艺术；不管人们怎么揭露它，对它却噤若寒蝉。人们的所有其他缺陷都要接受检查，且每个人都有高声攻击它们的自由；但是伪善却是一种享有特权的缺陷，它用自己的手封上了所有人的嘴巴，并心安理得地享受着永远不被惩罚的君主地位。人们通过种种鬼脸，把……联系起来。然而知道他们的内幕和真相是徒劳无益的，他们并不因此而不留下受人信任的名声。❶

唐璜能够像其他人那样，利用某种伪善和某种社会游戏掩盖其行为的真相而获得成功并且"让自己的业务处于安全状态吗"？事实上，在唐璜的嘴里，即使最真诚的信仰职业也缺乏信誉，即其他人所利用的信誉。人们不再相信他：他已经做得太多了。例如，当艾尔维尔的哥哥唐·卡洛斯要求唐璜娶这个因伤心而试图进修道院的妹妹时，唐璜躲在上苍意志的背后打马虎眼。另一个人也许

---

❶ *Ibid.*, scène II.

能够成功经过的事，唐璜却不能，于是，这场剧最后以互相威胁而结束。我们的诱惑者的无礼恰恰在于他并不真正相信让唐·卡洛斯这样一个贵族束手无策的社会面具。另外，后者毫不犹豫地宣称他"发现了一个痛苦的绅士的条件，一点也不敢肯定其行为的全部谨慎和全部诚实性、被荣誉之规律所制服而不尊重他人行为的条件"。❶ 这些情况的任何一种都不曾发生在唐璜身上，他既在这种条件之内，又足够置身这种条件之外，以便不被该条件所欺骗。他懂得在富人面前低声下气，与贵族在一起装诚实，与女农民在一起装贵族，并非通过人们经常赋予他的某种两面性，而更多地是因为他不相信任何价值，他通过玩弄自己的巧妙伎俩而嘲讽这些价值。当他应该付出的时候攫取，当他没有任何东西可拿的时候赋予，用沙哈·柯夫曼（Saha Kofman）恰如其分的术语表达，唐璜乃是"拒绝欠账"。❷ 当整个社会通过责任和承诺、交换和馈赠运作时，存在不想欠任何情的无礼。无限的恩情就是我们欠父亲的恩情，唐璜否认的正是这种恩情，这是一种社会的恩惠，而不仅仅是精神分析式的恩惠。唐璜是怎样回答他的愤怒的父亲的呢？

---

❶ *Ibid.*, acte III, scène III.
❷ S. Kofman et J. Y. Masson, *Don Juan ou le refus de la dette* (Paris, Galilée, 1991).

——哎！您尽早死去，这是您能做的最好的事。❶

对此，斯伽纳雷尔用他仆人的无礼回答道：

——是的，先生，您错误地忍受了他对您说的话，您应该用肩膀把他挤出门外。人们还见过这样没道理的事吗？一位父亲前来劝诫他的儿子，告诉他改正自己的行为，再次回忆自己的出身，做一个堂堂正正的人，改正这类性质的其他无数蠢行！❷

但是，如果说斯伽纳雷尔在这里是讽喻性的无礼者，他的无礼与唐璜却是不同的。他很谨慎，因为他采纳了或者假装采纳了其主人的观点，加以夸张、阐明，然后将它推向其他结论。这里也一样，我们并不知道斯伽纳雷尔在多大程度上相信他所说的话：

天哪！先生，我一直听人说，嘲弄上天是一种恶作剧……我不能这样对您说，上帝不让我这样说的。而您呢，您知道自己做了什么。您之所以什么都不相信，自有

---

❶ Molière, *Dom Juan*, acte IV, scène V.
❷ *Ibid.*, acte I, scène II.

自己的理由；然而世界上也有那些不知高低的小人物，他们放荡不羁却不知道为何如此……假如我有这样一个主人，我会直视着他，掷地有声地对他说："正是您，地上的小虫子，想浑水摸鱼地把所有人揭示的东西演变为嘲讽？您想想，我说，您是这方面更机灵的人士，一切事情都向您敞开大门，而没有人敢向您讲述您的真相，难道不是吗？"❸

斯伽纳雷尔在挖苦其主人方面是强势的，从某些角度言之，他的无礼程度是很高的，但是他肯定没有把贪婪作为对象，也没有把人的其他激情作为对象：他对上天的害怕可以看做他不尊重上苍的某种限度。而在这些方面，唐璜一直走到底，并在无法遮掩它们、假装相信其他东西时表现出自己的无礼，而他实际上寻求满足自己的欲望，在许多方面先于尼采而横空出世。唐璜主义中彻底的无礼即无视社会礼俗而摇身一变追求本性的东西。它利用它们，合适时迎合它们，当目的可以通过其他途径达到时则嘲讽它们。例如，我们不能说唐璜对金钱不敏感：他向迪芒什先生借过钱；但是他不向自己隐瞒这种财富的真正价值，甚至其贵族名号的真正价值，他准确地知道前者或后

---

❸ *Ibid.*

者在这个变化的世界上的价值。那么他因此而尊重在蒂尔索·德·莫利纳剧本中出现的国王的力量吗？不：他利用这种力量，但是没有把它作为一个独立的价值，与自己的同代人恰恰相反。父亲、上帝、国王，是差异的众多体现。人们不欠他们任何东西。唐璜的否认恩惠、最终自我神化、他以某种方式不受社会惩罚的做法，乃是自由人肯定他的天然的个体性。在一个不能接受他的社会里，仆人已经受贿以表述主人的四重真相。然而主人呢？

通过对无穷恩惠亦即对父性的无礼，对社会及其各种调和的无礼，相互性的机制被折断。唐璜或拿或给，但是他不交易。性呢？本是天然的，为什么在配偶的交易之外不能发生呢？金钱呢？金钱被给予穷人，却不还给债权人迪芒什先生。荣誉呢？它不能强制任何东西，肯定不能强制许诺的各种责任，因而许诺永远未兑现。我的激情自我肯定自己的价值，唐璜不停地一再肯定，以无礼的态度对待那些变味的东西，而其他人则以社会的名义用这些变味的东西把他们身上的人性变得索然无味。于是这些激情的真相大白于天下，它变得不可承受。唐璜既不歧视欲望，也不歧视财富，甚至也不歧视与其地位相关联的各种虚荣：他仅仅觉得，那些把它们置于婚姻或者荣誉中的人们犹如在人的生存条件方面残缺不全。服务于傲慢的财富，就像服务于荣誉的婚姻一样，它们都是产生于社会的一些先验的等级观念，按照我们的人物的意见，应该结束这些等级观念：大的激情的落脚点，激情的宗旨，因而应该是激情本身，出于这个原因，它们全都是可以无限替换的；许诺反馈到享受，享受反馈到财富，以此类推。而那些自称忠实于更高贵的价值和更高贵理想的人们于是作为精神食粮被扔给了唐璜的无礼，假如这种情况发生，他们甚至成了那些价值和理想的牺牲品。唐璜所主张的秩序当然是自然的秩序。他由此而处于法律之外，正如人们看到他对父亲的否定那样。消除差异，假如拥有某种意义的话，不啻于建立他自己的法律。无论如何，这是对自己行为中的局限性、死亡和判断的拒绝。不履行自己的承诺，也是不履行自身的权威，不履行作为永远揭示了权威性某种论据的他的话语：说话的人被假设为有能力做某事。❶ 从内在里被如此侵蚀的语言交际反馈到下述无礼态度，即不应该亏欠真相，取这个词的社会意义。另外，无礼打碎任何交易，亦即任何调和、任何折中行为，这样不欠任何恩情，它从社会角度看是不正确的：它不支付理应支付的报酬。这样，无礼者在把自己置于社会约定俗成之外，甚至置于恰当行为之外，同时也就排除了自己。那么无法预见

---

❶ *Cf.* M. Meyer, *Questions de rhétorique, langage, raison et séduction*, p. 116 (Paris, Le Livre de Poche, "Biblio-Essais", 1993).

甚至无法捕捉的是,他在把玩社会的同时,是否为了更好地把玩他自己。通过这类欺骗,他仅仅到了阴间,才受到他的亡魂对手之一骑士的报复,后者通过为着自己的死亡而报复,承担了执行正义的重担,这难道不是很正常吗?确实,在一顿飨宴的过程中——《唐璜》的副标题是《石宴》,有点以滑稽小丑或在节日和餐桌上施行自己天才的希腊告密者为榜样,这里最终的献祭式庆祝仪式终于发生,正义得到了伸张。

对父亲的抛弃,面对父亲的无礼,在《唐璜》的各种不同版本中也显得很突出。父亲即法律,然而父亲也是任何礼的源泉。儿子则是对某种副本的服从和模仿,某种虚构的副本,这样就把个体性的出现变成了某种不敢向自己叙述的虚构,于是它就变成了潜意识。排斥归根结底永远只是对自身存在之差异的排除,变异性因为被排斥而允许他(Soi,自我)的形成(存在)。父亲表达这种变异性。但是,唐璜的无礼超越了他的精神分析的众多维度。"超越了自我的某种叛逆,唐璜表达了对某种高级精神的知性要求,这种精神使他揭露当时的所有迷信。"❶

即使唐璜的无礼避开了保证正确平衡和正确的平衡的分配和再分配的社会渠道,无礼在某种地方还是公正的

---

❶ C. Dumoulié, *Dom Juan ou l'héroïsme du désir*, p. 103 (Paris, PUF, 1993).

声音。它恢复了隐藏很深的和被颠覆的真相，抛弃了伪装者，揭露了宣称的价值与实践的价值之间的不相符之处。

在一定时候，当历史允许时，有一种民众的无礼，它体现在滑稽小丑或愚人身上，正如奥托·让克（Otto Rank）所说的那样，它是主人之无礼、领主之无礼的副本和反面。归根结底，我们从无礼中发现了对事物的某种政治的、社会的甚至人性的秩序的某种基本信仰。无礼者的道德寓于对这种秩序的肯定和拒绝像其他人那样被扭曲这种秩序、这些价值性质并不可避免地腐蚀这种秩序和这些价值的表象所欺骗。无礼是来自内心的不敬，它既不是反叛也不是革命：人们相信人，相信他的激情，相信他的"天性"，并不想颠覆一切，但是通过无礼责怪那些自以为最好地代表了这一切，责怪那些抑制这些东西的人们，责怪那些设置障碍的人们，因为他们一般情况下不在自己的位置上。然而同时也通过他们自身（的言行）。

但是，唐璜如今不再有任何可亲的东西。人们较少把他看做善于把事物和人重新放回自己位置的无礼者，而更多地视为一个犬儒主义者和嘲讽他人感性的享受者。他似乎像任何人一样爱金钱、权力和享受，但是与其他人不同的是，他是毫无顾忌地做这些事，并且歧视最神圣的东西，甚至在神圣之外行动。他很可以表达我们自己的犯罪感，追求荣誉、欢乐或财富，或者甚至反馈到堕落之后的一般人的犯罪感，他并不因此而较少维持其激情和种种动机的奴隶式人物，这些动机倘若还达不到卑鄙的程度但至少毫无意义。所有这些女人，就像金钱或荣誉一样，都是破坏性的，与任何纠缠一样，还有，后者只能依赖他人而完成。这真的是无礼吗？

从这个意义上说，唐璜这个人物提出了价值问题：为什么要有无礼者呢？假如是为了揭穿作为社会现象的社会幻想，揭穿文化而换取天性，揭穿排斥而换取无尽的享受，那么人们仅仅是用无意义交换荒诞。这确实就是唐璜的局限性。那么他到底建议什么呢？大概是一个领主在一个社会里可以提供的东西，在这个社会里，领主身居要位，他可以不遵守主导社会的规范和规则：在这方面，他象征着普遍意义上的无礼。它谴责某种扭曲秩序的秩序。但是由此而把对享受的无限追求变成无礼的某种自然后果，甚至由此而出的某种生存模式，这是我们中最无礼的人士也会犹豫不决、望而却步的事情。对于财富或者荣誉的兴趣也一样：我们可以认为它们分配不公或者分配不合理，那些不配享有它们的人们对于其他人甚至很危险；这更多地是远离他们而不一定是试图积极恢复某种公平分配并且对天才人物给予正确补偿的一种理由。这将迫使无礼者介入一场他可能认为没有意义或者没有成功可能的战斗。唐璜并不超越对其欲望的机会主义的满足，这是他的局限性。如果说他置疑其他人承认的金钱或荣誉的价值，鞭挞金钱和荣誉，诚然，他的无礼最后仅落脚于对诱惑的陶醉，作为对那些出于利益或出于虚荣而成为他们的礼仪之举的牺牲品的惩罚。这种惩罚大概是微不足道的，尽管这不是那些承受惩罚的人们的意见。这种被鞭挞的荣誉仅仅对无礼者拥有某种微弱的价值，它仅仅对于那些投资于某种礼仪之举的人们显得凝重。无礼者揭露了这种投资，或者在这里他利用了这种投资。

那么我们就没有把人们称做唐璜主义的诱惑看做某种模式，而是视为某种惩罚，似乎它的实质是把女人们以及与她们相结合的男人们如父亲、丈夫和情人重新放回他们的位置，这种位置本身是以女性"美德"为核心的男权所规定价值的成果。这个时代的女性集中于社会的僵化性，似乎它是她所传承和继承的文化与天性的汇合地，通过激情和生育而汇合。在她身上，重新聚集着遗产、财政的依靠性、服从、欲望和美德，亦即需要用法律调控的贪婪性、权力和好色。唐璜不断违反的这种法律就这样通过必然走上婚姻之路、处于交易地位并通过交易而臣服于父权的女性，把野性的诱惑变成了对所有文化性和社会性的某种彻底置疑的操作者。这样一种毁灭声誉的惩罚当然要被当今的女性所拒绝，那些古老的道德编码不再能拴住她们，今后她们对自己的爱情完全持自由态度。尽管如此，

第三章 西方无礼的两大文学原型：《李尔王》和《唐璜》，滑稽小丑与领主

倘若无礼的宗旨就是惩罚那些伪善者并清算他们或者向权威求得公正，而恰恰作为权威，无礼没有必要因此而把决心保持无礼状态的人推向别人认为无足轻重的某种生活方式。

正是在这里，我们达到了悠闲性无礼模式的局限性，它把对荣誉的不敬变成了无礼的根本本身。诚然，唐璜是在金钱、权力、诱惑等所有线索上行动的，但是诱惑是鼓动他的首要因素，因为作为贵族社会之动力的荣誉就结晶在诱惑里。由于从前的滑稽小丑和很早以前希腊的告密者代表着一个社会的无礼，但是尤其重要的是，大众文化的无礼随着宫廷社会的消逝而消逝了。仆人是他们的后代。他要求什么呢？他的工资。他还敢说什么呢？人们再也听不到的东西。为什么主人要支付他工资呢？因为服务，而不是为了某种真相。自莫扎特的歌剧开始，唐璜的仆人莱波雷洛不是就这样说嘛："我想成为绅士，而不再服务。"斯伽纳雷尔的无礼在莱波雷洛身上走向了极端，有时候直至明显的对立。应该说，仆人与领主此后构成了可怕的一对，因为他们是互补的。无礼变成了批评。倘若不再承受任何合谋，毋宁说不再有任何合谋处于压迫的状态。那么当需要很好地生活的时候，他人怎么办呢？假如不能另辟蹊径，那么就需要能够承受种种"优势"。

五、自然与文化之间的无礼

孩子的无礼在于他想象人们处于自然与文化的中途。与自然的这种关系一直支配着政治、道德和科学思想,直到包括卢梭在内的一些思想家❶,而我们在莎士比亚就像在蒂尔索·德·莫利纳和莫里哀那里一样,都重新发现了这种关系。现代性通过文化性缓慢地摆脱自然性而界定了自己,自然性在卢梭之后就逐渐变成了历史,于是就使康德和黑格尔以来的德国思想别具风采。

自然的这种双重性可以从《李尔王》与《唐璜》的比较中明显地感知到。对于莎士比亚而言,正是自然的过度(l'ex cèo de hatwie)让文化、社会规则、事物的秩序处于摇摆不定的状态。粗暴的出现使社会性消失了,而粗暴是自然的语言。这一点在剧本的若干段落都很明显,即使这种自然性首先表现为国王本人的弱势和年龄,这就首先导致了权力的相继夺取,导致了种种侮辱,可以说,这些侮辱集中体现了对父亲的不敬,而一般言之,父亲是政治的象征。在自然力量的混乱中,如何区分科第丽霞这个女儿的真正爱情与其两位姐姐的虚虚假假甚至不存在的爱情

---

❶ *Cf.* Sur ce point M. Meyer, *le Philosophe et les passions*, pp. 127-187 (Paris, Le Livre de Poche, "Biblio-Essais", 1991).

第三章　西方无礼的两大文学原型：《李尔王》和《唐璜》，滑稽小丑与领主

呢？如果让天性说话，人们能躲得过混淆、战争和是非不分吗？这种天性无法颁布自己的法令，因为在政治领域和在一般社会里，它本身就没有法令。另外它难道不是哑巴吗？谁在按照自然的秩序表达自己呢？暴力和破坏。权力垮塌了，它的合法性与之一起垮塌，同时，批评的无礼应运而生：滑稽小丑出现了。国王变成了滑稽小丑，滑稽小丑变成了国王，在无法区分的情况下，无礼让位于暴力。唯一继续存在的无礼是歧视正义和合法性的无礼。那么谁继续存在或者说谁变成这样的无礼呢？

这种以极端为特征的天性只能产生所有的企图。莎士比亚也许以最强大的力量强调这一点的剧情是忠实信徒葛罗斯脱的私生子爱特门决定把他的哥哥嫡生儿子埃特加排除在外的剧情。为了论证自己的阴谋，爱特门是怎么说的呢？

天性，你是我的女神：我的服务忠诚于你的法令。为什么我要忍受习惯的鼠疫并且允许民族的吹毛求疵的法律剥夺我的权利呢，因为我比一个兄长年轻十二岁或十四岁吗？ ❶

---

❶ *Le Roi Lear*, acte I, scène II, p. 56.

而葛罗斯脱相信爱特门让人读给他的内容，那里再次申明，天性遭到了鞭挞：

> 尊重长兄这种强制条款，在我们生命最美好的年华里，把我们的世界变得苦涩；它剥夺了我们的财富，一直到我们过老而无法享受它时。

总之，他们以天性所要求和允许的名义反对父亲：力量服务于某种自诩的"天然权利"。对自己嫡生儿子真正美德的盲视，让葛罗斯脱失去了洞察力，受尽其敌人的酷刑，这一点隐喻性地反馈到大自然编织的盲目性，并承认大自然反对法律亦即反对社会性的所有权力。

无礼不可能超越过度的天性而继续存在，然而当后者完全开放、它可以继续存在、从而有利于一个编码化的几乎干瘪的如像唐璜当时所面对的社会吗？因为这里的信息是相反的。唐璜的无礼具化为想在自己的关系中实施天性。他想把女人看做欢乐的某种源泉，而非简单地视为契约、许诺、祖上安排的某种对象；另外，有时候加上女当事人的合谋。莎士比亚所抛弃的自然性似乎被唐璜的作者们所赞赏，似乎这次的无礼就是赞赏他，而不再建立在社会秩序的基础上。那么引用自然反对文化是无礼者还是相反？无礼是文化中的自然性抑或相反？它是对被约定俗成

第三章 西方无礼的两大文学原型：《李尔王》和《唐璜》，滑稽小丑与领主

所鞭挞的我们的本性的肯定抑或反对排挤文化之本能而确立的文化呢？当秩序摇摆时，滑稽小丑即国王，任何差异都变得模糊不清了：无礼失去了它的意义。然而反之，当自然性被社会要求所抑制，一切都显得虚假，都显得是由表象编织的。李尔王的滑稽小丑努力向他说明：没有自然而然的王朝，在这个席位上，他本人也可以是国王，而国王也可以是滑稽小丑。但是，李尔王由于没听他的话而垮台了。无礼与之一起失去了任何意义，因为在这样的背景下，它不再有任何意义。无礼死于过分的自然性和过分的文化性（在唐璜那里），仅仅因为它建立在里外一组因素的基础上。假如只剩下了两个因素之一，无礼就会动摇和死亡，就像李尔王和他的愚者一样，也像唐璜一样。莎士比亚的无礼抨击自然性，文化是它的规范，当文化垮塌时，它也面临消灭的命运，而唐璜的无礼的进展顺序是，通过在一种忘掉了自然性的文化中宣称后者。这里也一样，外部性和无礼者受到抨击。

人与自然之间、社会政治秩序与其在事物自然行程中的记载之间的差距，我们不妨这样说，使得它们之间被认定的平衡中断。在这些条件下，无礼是不可避免的；另外，正如那些努力判断文化论坛或自然论坛之新形态的人们的突然消失或逐渐消失一样，其时文化或自然进入了周围的新混乱之中，因而搅浑了正义的范畴。

六、无礼与布尔乔亚世界的到来
（维克多·雨果的《国王取乐》）

滑稽小丑变成了仆人。无礼不再存在，服从取而代之。领主随后也被踩在脚下。他要么服从，要么造反。只有国王能够做无礼者，但是今后，这也是权力的滥用。倘若雨果的《国王取乐》仅专注于这个题材，剧作在这里就不会引起我们的关注。但是，它昭示了某种更深刻的东西：滑稽小丑变成了布尔乔亚。滑稽小丑本是一个服务者，甚至是一个恭维者。剧作里的特里布莱表达了布尔乔亚对他所歧视的贵族的尖刻。他的无礼没有任何好玩的地方：它无法让任何人开怀大笑，因为正如剧作标题所指示的那样，此后唯有国王寻欢作乐。特里布莱揭示了资产阶级的愿望和它的脆弱性。它的命运依赖于皇家的好意愿，然而当这种意愿落空时会发生什么事呢？更有甚者，当国王决定依靠他的滑稽小丑而取乐时会发生什么情况？谁变得滑稽可笑，谁失去了荣誉呢？

国王只想着与女人嬉戏。这里的国王是弗朗索瓦一世。他在特里布莱的帮助下，甚至不放过王室那些大臣的女儿。国王并不怎么喜欢他的贵族们：

国王：这些谄媚者！可恶的败类！我让其中之一当了海军上将，第二个当了管家，另一个叫蒙什奴，作了我的公寓总管。他们还不满意！你见过这种事吗？

特里布莱：但是您还可以拿他们来做某种事，这也是还他们以公正。

国王：什么事呢？

特里布莱：让人处他们以绞刑。

德·皮耶纳先生（笑，对一直在后台的三位领主说）：先生们，你们听到特里布莱说的话了吗？

德·布里荣（他向愚人投去愤怒的一瞥）：当然啦，肯定听到了！

德·蒙莫朗西：他将为此而付出代价！

德·蒙什奴：混账仆人！❶

当国王想勾引科塞伯爵的妻子时，特里布莱甚至建议国王削掉这个多余的丈夫的脑袋，但是当事者听到了他的建议，非常气愤并加入了我们的愚人之政敌的行列。这些人最终只有一个愿望："我们要报复滑稽小丑！"❷ 圣—瓦利耶是唯一直接指责国王诱惑他女儿的人。生气的国王

---

❶ Victor Hugo, *Le roi s'amuse,* actI, scène II.
❷ 同上，第58页。

显然把他逮捕了。特里布莱那边没有任何无礼的举措，他只是反驳了一句："阁下，这个绅士是个疯子！"❶ 国王就是若干世纪中唐璜面目的变种，但是与唐璜相反，他将逃脱特里布莱为他准备的惩罚，甚至不知道存在某种阴谋。事实上，国王爱上了特里布莱的女儿，尽管特里布莱小心翼翼地向所有人隐藏他的女儿。但是国王在教堂里发现了他的漂亮女儿。她对国王一见钟情。那些贵族们则不相信她是特里布莱的女儿，他们以为她是他的情人，于是劫持了她并把她献给国王。特里布莱为了报复，出钱雇了一个杀手。杀手犹豫不决，不愿杀死一个他姐姐也深爱的绅士（应该是指国王）：他于是杀了特里布莱的女儿冒名顶替，以便把一具尸体装进口袋里，他的雇佣者想亲自把它扔进水里。现在，特里布莱相信国王已经死了并得到了报应，而国王并不知道发生了什么事情，但是此后作为唯一的无礼者，他尽情地享受着："真的！上帝！把他的情人吹给我的愚人！这是多美的事啊！"❷

被贵族人士欺骗了的特里布莱甚至帮助他们劫持自己的女儿，他以为那是德·科塞夫人。他们也被骗了。但是他们很快发现他们劫持的不是情人而是女儿。歇斯底里

---

❶ Victor Hugo, *Le roi s'amuse,* actI, scène II.
❷ *Ibid.* Scène IV.

的特里布莱于是揭露布尔乔亚世界拿报酬和进行交易的丑行，他自己参与了这些丑行，但是这次却成了这些丑行的牺牲品。他说："你们所有人向他卖身求荣，或为了任何其他幻想。这事情还没结束。"❶ 或者还有："国王给了你们多少钱让你们把我的财产卖给他？他为这次行动支付了费用，是吗？"❷ 特里布莱变成了疯子，而德·科塞先生补充说："这些疯子，他们认为这种事在荣誉方面是完全可以做的"。❸

当特里布莱拿着装尸体的口袋、以为正在报复时，他产生了幻觉：他以为成功地雇人杀了国王！

> 特里布莱面对自己喊道：啊！享受吧，卑鄙的滑稽小丑，在你内心深处的自豪中享受吧。一个愚人的报复让世界地动天摇……现在，轮到世界瞧瞧我了。这是一个滑稽小丑，而这是一个国王。❹

随后是一段长篇的狂妄自大的言语，特里布莱自比那些最伟大的人物，另外加上正义。他最后说：

---

❶ *Ibid.*, acte III, scène I.
❷ 同上。
❸ 同上。
❹ *Ibid.*, acte III, scène III.

你听见我的话了吗？我是绅士般的国王；我这个愚人，这个滑稽小丑，这个一半人，这个令人怀疑的动物，你常对他说：狗！（他痛打尸体）。当报复掌握在我们这一边时，你看得很清楚，这就是说，在最死寂般的心灵里，没有任何东西还能睡得住，最卑贱的人膨大了，最卑鄙的人变形了。❶

滑稽小丑受到了惩罚，然而他真的是无礼者吗？他难道不是对贵族人士很勇敢而对国王则奴颜婢膝吗？事实上，他准备干任何卑鄙的事情，但是当他成了卑鄙勾当的对象时，它们对他就显得很可怕。两种分量，两种尺度。然而天生适于无礼的滑稽小丑，严肃的精神却进入了他的心灵，直至被恶毒占领。另外在雨果那里，滑稽小丑是丑陋的，犹如《巴黎圣母院》（*Notre-Dame de Paris*）里的加西莫多，或者报复欲极强，就像这里那样，但是他从来不是正面人物。雨果说，唯有国王取乐，而自以为让别人付出代价的特里布莱行将付出代价。他很谨慎，直到花钱购买一个杀手的服务。一个贵族本来会寻求自己做这件事（圣—瓦利耶）。这里我们看到的是资产阶级逻辑的一种效果。特里布莱嫉妒别人，他很希望人们嫉妒他。在国王

---

❶ *Ibid.*, acte V, scène I et scène III.

身边生活了一段时间之后,当他以为杀死国王时,确切地讲,当他以为清算了他的罪恶时,他最终自以为与国王等量齐观。

在特里布莱这里,无礼已经死了,它甚至不再是问题之所在了,人们看到的只有毫无贵族气息但是并不缺少谨慎的算计。对于特里布莱而言,他给出的主意应该一字一句地严格执行:人们应该排除那些障碍者,而国王应该减轻其愚人话语的分量,以便这些建议恰恰只能是疯子的话语。然而,那难道不正是朝着王室意愿的方向走吗?

有些人从这样一部剧作中看到了对权力的随意性和不道德性的一种批评。但是,假如我们对无礼的执行者愚人感兴趣的话,就会发现无礼的资产阶级性质的真相。资产者得到了王室的恩宠,因而与旧贵族的斗争就变得不可避免。但是,资产者是一个严肃的人,他在账目方面是不开玩笑的,归还自己的欠账。他歧视下层人士,而嫉妒上层人士,只要他们至少处于上层时。无礼是不可原谅的,而国王在体现这一点时,维持着人们无法消除的某种距离和某种差异。

一旦王室消失,资产者立即就不会忘记,嫉妒是他首要的动机之一,而无礼是他所不能忍受的。

七、领主、资产者和知识人

三种大激情,三种大功能:依靠荣誉生存的领主与傲慢和虚荣相对应;按照圣经的说法,性爱是知识欲望的原初表达,那么与知识欲望相对应的是知识人,从萨满到神甫,到党派人士和工程师、经济学家,知识人想的是社会秩序,同时似乎把自己承担这种功能的能力和合法性强加于人;最后,与贪婪相对应的是那个不仅需要通过劳动而活命且还需要养活其他两组人士的人。

滑稽小丑的无礼随着资产者的到来而熄灭,领主的无礼随着绝对君主政体或极权君主政体而消失。剩下的还需要考察知识分子的无礼,有些人肯定知识分子这种综合体天生就是无礼者。事情到底怎么样呢?

第四章 知识分子与历史，历史中的知识分子

一、思想是无礼的吗？

有些人大概认为这个问题是无礼的。思想从本质上说难道不是无礼的吗，因为它是批评的、断裂的或简而言之革新的？

在其《知识分子赞》(*Eloge des intellectuels*)一书中，贝尔纳—亨利·莱维(Bernard-Henri Lévy)非常正确地指出，20世纪60年代的意识形态中，有一种虚无主义，它禁止所有的重大思想：一切等值于一切，一部文本等于另一部文本，由此可以说，没有任何东西需要表述的，一步之遥已经很快地跨过了。这样我们就听到有人宣称哲学的终结、人的终结、思想的终结，最近又提出历史的终结：众多理由以期什么也不表述，这就论证了例如那些无

论如何也没有任何东西可以表述的人们。然而，为了能够介入，知识分子应该拥有一定的权威，使人们能够倾听他的意见。但是，倘若不是从他的杰出中汲取这种权威性，又从哪里汲取它呢？而当一切等值于一切并不再具有根基时，如何建立权威性呢？当人们禁止思考杰出，当人们就像如今说的那样，竭尽全力解构这样一种概念时，怎能希望权威性的建立呢？但是左拉并不是想出来的，要让人家听得进你的意见，仅仅想是不够的。在这方面，无礼是从思想开始的，而那些小思想家们深知个中缘由。

思想的无礼，仍然是且将永远是思想。在其源头和其根基本身，它置疑周围的言语，且同时置疑那些持这些言语的人们、那些有能力传播这些言语的人们。为了理解什么时候以及为什么知识分子在理论方面和其他方面无话可说时，需要关注他们的运作。因为知识分子远非永远都是决裂者。地域和时代是决定性的因素，通过它们，重要的是分离出其他因素。须知，知识分子并不能自如地谈论他的真实动机和他的真实雄心，在这方面，他的任务经常是盲目的，更喜欢处理一切事情，除了他自己的作用和他自身思想的根源。似乎它们都是自行确立的，他在其中只是一个聚精会神的中继者。

我们已经看过，知识分子是一个不合法的立法者，任何社会为了建立其成员眼中的它的结构，都需要这样的知识分子。之所以说他不合法，那是因为原则上他可以让所有的东西合法，但是却很难确立自己使一切合法的合法性。至少不凭借暴力。正是出于这种理由，他才借用上帝、宗教、真理或有效性等超验性的因素，每次他都是这些因素的优越的阐释者或确立者，这样来论证他自身的作用和他在社会上的卓越形态。他因此而是等级顶峰不可或缺的人物，因为是他建立了这种等级。另外，他是唯一为了这些普遍价值而引述它们的人，这正是他的全部双重性。

如同社会上任何其他团体一样，知识分子的利益也和收入、名讳以及荣誉、权力结合在一起。即使那些处于社会建制最边缘的知识分子，也通过他们赋予的合法性，寻求人们反过来赋予他们某种合法性以及来自权力的好处。我们想到了向暴君德尼斯·德·西拉库斯建议其社会模式的柏拉图，甚至也想到了卡特琳二世时期的狄德罗，或者还想到了普鲁士弗雷德里克王朝时期的伏尔泰。然而，我们也想到了中世纪所有那些匿名的大臣，他们帮助日耳曼王子管理他们的财富，或者离我们更远的孔子和中国文人，他们服务于历代的皇帝和朝廷。在索邦大学接受教育、堪称屠夫中之屠夫的波尔布特怎样看待知识分子呢？知识分子对权力的批判和对权力的合法化中，与权力有着同一实体性的某种联系。什么时候人们更多地发现了前者，什么时候则更多地关注后者呢？我们接触这个问题可以通过询问在这里或那里，到底是什么东西促使知识分子创立、发明新思想，甚至有时候更多地对抗在位的结构，而非迈向权力、行政、管理和内部斗争，这些做法有时候是为了岗位和名讳的区域性再分配。仅仅用这些语词来提问并不能感知到，除了幻想受到办公室惩罚的其自身的重要性以外，即使没有任何东西可推广的知识分子这种现象，已经与某种在第一种形势下占主导地位的意识形态肯定不同的、具体的意识形态相关联。另外，也许这两种形势之间并没有真正的对立，而是连续递升关系。事物的某种形态 X 越存在，知识分子越倾向于发挥这种或那种意识形态，置身于某种无礼性的决裂，而在相反情况下，他们越较少摆脱别人，便越混迹于社会的其他元素之中。但是根据哪些参数来评估递升呢？正是在这里，我们以为，布尔迪厄的理论化具有它的全部重要性。

二、社会性的三个层面

让我们听听皮埃尔·布尔迪厄是怎么说的：

文化事业的科学设置了三种与它们所领会之社会现实

的三个层面同样必要和必然关联的活动：第一，权力场内部的文学场等的位置及其在时间进程中之演变的分析；第二，文学场等内部结构的分析，这个世界服从于它自身的运行规律和变化规律，亦即被置于为着合法性而竞争的个人或团体在文学场所占位置之间的客观关系的结构；最后，这些位置的占领者的习惯的生成分析，亦即作为社会旅程和文学场等内部某种位置的产品，各种分布体系从这种位置中找到了某种多少有利于现实化的机会（场的建构是社会旅程之建构的逻辑前提，社会旅程作为在这种场中相继被占用的位置系列）。❶

作为众多分析变量的这三个维度到底涵盖了哪些东西呢？它们中的第一个指示着一个团体与其周围环境的关系；例如这里指的是知识分子与社会上其他群体的关系，包括该团体相对于其他群体的相应变化。知识分子相对于贵族或相对于资产阶级的重要性或大或小，以此类推？在这第一种问题类型的旁边，我们发现了第二种参数，旨在捕捉同一整体内部个体之间的关系。其实质是通过这种做法能够分析知识分子之间的关联，他们一些人相对于其他人是如何演变的，在何种基础上演变。例如，知识分子是

---

❶ P. Bourdieu, *les Règles de l'art*, p. 298 (Paris, Le Seuil, 1992).

在名讳和功能的基础上获得他们的声望，抑或更多地是由于他们发表的东西或者他们的作品？最后一个问题关涉一个人的可接触性，这使他而非另一人得以满足了正在有效的规范并确立于这个或那个群体。

这三种大的层面、参数或问题意味着什么呢？如果我们近距离地观照，它们引述了或者更多地支撑了马克思给予阶级概念的三大定义；三种词义区分得很清楚，它们不一定互相覆盖；对于同一概念，这当然太多了。事实上，对于马克思而言，一个社会阶级以下述几点为特征：（1）某种阶级意识；（2）某种相同的生产方式；（3）在理应称做阶级斗争的内部与其他群体的对立。雷蒙·阿隆（Raymond Aron）曾经指出，这三种定义并非一定并行不悖。人们可以意识到自己从何而来但并不反对其他人，甚至也不属于这样或那样的生产视域；另外，人们还可以把三种因素分开。对立可以仅与部门的要求、特定的要求相关联，且正如参与同一生产方式的事实可能并不产生统一的意识，也不产生斗争的意志。由此就产生了弄清导致马克思混合这三种特征的原因问题。我们可以没有过多风险地肯定，这是主导其时代的一种很特殊的形势，但不一定主导所有时代。如何来界定这样一种形势呢？在那里阶级的属性被体验为纯质的，与其他外在于该阶级的力量相对立，对于这个阶级来说，经济上的生产方式是决定性的。从历史的角度言之，这不意味着任何事情，仅意味着零状态的社会流通（circulation sociale，流动），甚至持续下降的社会流通，另外，马克思与其阶级分析结合在一起的贫困化和无产阶级化概念即引述了这种情况。当没有改善的希望时，个体们重新处于被钳制的状态。由此出现了处于"同一浴池"、处于斗争中以及归结于某种不可逾越之经济根基的情感。但是，与马克思可能相信的情况相反，革命并非诞生于事物的这种形态。人们可以看到，它们经常与升迁困难或严重受到其他人威胁的某种精英层人士的挫折相关，于是它们突发为精英人士之间的某种战斗形式，而本身没有发动起来的群众经常是他们的人质。假如我们把革命现象压缩为被压迫者反对压迫者的斗争，那么就堕入某种简单化的、几乎同义重复的视野，而革命经常是社会流通中差异化的某种效果。这种情况影响精英阶层，但也影响其他拥有更多权力的群体，和其他处于更低地位不再可能依靠自己的专长升迁的人群。由此就出现了其阶级条件的均质化现象，尤其出现了固定化的现象。阶级形成于某种有限的甚至下降的社会能动性（mobilité sociale）的效果，把某些人赶入了贫困状态，正如马克思所说的，这就导致了某种无产阶级的形成。

事实上，当我们关注社会性的三大参数时，每次都能发现某种程度的社会能动性被蕴涵在内。假如我们从个体出发,便会观察到一个个人接触到这个或那个岗位的机遇,考虑到他的社会出身,这里指的是知识性质的岗位。人们把这叫做跨代的能动性。有时候,人们把这种参数与收入结合起来,韦伯即这样,因为越来越高的岗位的升迁意味着他们得到越来越好的待遇。至于第二个参数,它衡量同一整体内部个体们之间的关系,韦伯把它叫做能力(le pouvoir),用社会能动性的术语来衡量,它建立了基于专长的某种社会能动性与基于其他手段而获得的社会能动性之间的动态的差异,其他手段如各种关系、伙伴关系和其他与恰当施行岗位所必需之技能无关的形势所获得的报酬。这里有必要把社会流通(circulation sociale,流动,流通量,流动量)与社会能动性(mobilité sociale)相区别。我们把流通理解为从一个岗位或一种收入水平向另一岗位、另一收入水平过渡的简单事实,至于能动性,今后则指的是在适应岗位基础上的这种同样的流通,亦即在富有专长(经验)或证明拥有占据相关岗位之能力(文凭)的基础。在一个理想的社会,人们希望看到两者的吻合。当社会流通很少,也就是说,当个体们不怎么能改善他们的现状时,这个社会就停滞了。在一个真实的社会里,人们经常看到社会能动性与社会流通之间的差距是一种变化的比例。当这种差距上升并普遍化时,人们的不满情绪也上升,可以感觉到明显的任性情绪。于是,"为什么不是我呢?"就变成了每个人的大问题,他看不到有任何理由不被选用到 X 岗位上,因为标准与承认的专长不同。让我们过渡到第三个参数,那是阶级之间的关系,这种关系确定马克斯·韦伯称做地位(le statut)的东西。用能动性的术语来表示,人们可以拥有一个开放的群体,但是其地位在社会上或下降或上升,例如法国大革命以来的僧侣阶层。

发现下述现象是很有趣的,即社会能动性与流通之间的这种关系经常被人们看不见。人们更喜欢聚焦于收入、权力或地位,没有看到这是一些派生的参数。另外,这样一种做法并非没有意义,我们仅举一个例子来说明,因为地位的失落会经常性地导致个体们收入的下降。相反,假如一个群体看到其相应地位改善了,就有了更多与分配相关的权力,这样也就有了更多与当时正在实行的等级关系结合在一起的收入。1968年以来,知识分子发现,随着群众大学的到来,他们的地位下降了。收入也相应地减少了,权力被分割成碎块,被收缴到学院,直至变得微不足道。

如果说收入、权力和地位显而易见地关联在一起,它们却不一定朝着同一方向变化。我们可以冒险把社会能动性等同于个体的旅程。这并不意味着,为了社会阶梯的升迁,一个个体不使用他的家庭关系或者支持他的朋友们的友谊，然而在这种情况下，我们就不能真正谈论仅建立在他的个体资源基础上的升迁了。至于社会流通，它指的是从一个阶层过渡到另一个阶层，它明显依赖个人能力、为了同一岗位个体们之间的关系以及相对于社会的其他形态这个岗位重要性的相应变化这三大类别的因素。后两个因素的第一个参阅权力，亦即参阅个体们之间的差异，第二个因素参阅属性关系，即对立关系，也就是参阅代表性和形象。

那么整个问题就在于弄清楚社会能动性在社会流通中所占的份额以及前者与后者的关系是如何决定知识分子可能发生的无礼现象的，更多地把他们引向服从抑或干脆引向反叛。任何情况下，重要的要以最普遍方式分离的东西，就是社会能动性与社会流通之间的关系，尤其是它的演变。人们很好地预料到，社会流通建立在能动性基础上的比例越低，接触工作岗位由天分和专长调节的比例也越低，这个阶层便越封闭。那么地位不会同时得到加强或保持吗？除非地位依靠专长，这是知识分子的特色，因为贵族从来不曾宣称把专长作为它的规范。相反，资产阶级宣称以专长为特征以期谴责贵族继承来的特权。但是，它的真正目标是财富，后者像从前的出身一样，很快构成地位的某种源泉，并同时构成封闭的某种标准。这里，我们再次发现了资产阶级最初的双重性，它自诩既依赖于专长，

第四章 知识分子与历史，历史中的知识分子

又依赖于从因专长而诞生的财富。然而财富自身又是独立的，因为它是通过遗产继承来的，它所激发的恩惠和好处经常抑制尚处于很少被认可和风险还很大的种种新专长，哪怕是通过对收益率的简单关心。

很显然，这就提出了作为一定阶层相对于其他阶层之价值的地位问题。地位即大写的历史，历史以这种身份，对于个体们作为一个外在的参数而运作。对于每个人而言首先呈现的真正斗争那么就是这些个体之间为了一定位置而投入的斗争。正是历史使这种位置相对于其他可能的选择变得令人向往与否，正如还是历史决定着需要投入的斗争的严峻程度才能接触到这种位置。让我们想一想西欧愈来愈破碎的教师条件，它看到的情况是岗位愈来愈少或者报酬愈来愈差、愈不稳定，教师岗位反倒成为愈来愈受人觊觎的对象。这就产生了保护主义的甚至任人唯亲性质的反应，旨在严格地保证期待中的谱系获得被认为是这种期待的正确的报酬，有时甚至不惜背离真实的专长所要求的东西。

所有这一切清楚地显示，关键所在，并非每个人作为其希望和命运所经历的社会流通，而是支撑这种命运的东西，即升迁所要求的专长份额，或者不顾这种专长使其堕落的东西。重要的是社会能动性与社会流通的关系，因为当专长发挥的作用越来越小时，形势就停滞了。然而，个

体所经历的社会流通,就是接触工作岗位的困难,这样,在他眼里,社会流通就等同于社会的能动性。不是他不能区分它们,而是他看不到它们的差异,因为在他的层面,他通过自身的旅程,体验着两者的会合。于是,社会流通就变成了个体之间斗争的症结所在。权力既是这种斗争的动力(或刹车),也是它的症结,恰恰因为它是动力的缘故。正是在这种程度不同地缓慢下来的社会流通的层面,历史参与进来并显示了它的风貌,即使人们对它的感觉并非如此。另外,即使对专长的呼唤从形式上保持不变且声势相对较弱,社会流通的某种缩小一般会导致有专长的个体们下行,他们看到的机会变少。于是其他手段就用来接触从前仅仅被专长所占据的各种位置,这仅仅是为了战胜因此而愈来愈多的竞争者。倘若某种强势的社会流通可以吞没拥有专长的人和其他人,假如它放慢之后,情况很可能就不再是这样了。社会流通越压缩,或者说对于一定社会流通水平,社会能动性越弱,这两种说法殊途同归,那么个体面对其他岗位所发展起来的羡慕感情便越强,他们少得可怜的专长水平可能会使这些更受人们喜欢的岗位失色。"为什么不是我呢?"变成了"我也一样",后者短期内属于从某种越来越不发挥作用的专长论据向某种平等性论据的转移。并非这种想解放人们、使人们获得自由、让他们能够升迁的平等,而是在一定时期内用来阻碍其他

第四章 知识分子与历史，历史中的知识分子

人上升的平等，因为实质上是在专长以外要求各种地位。于是专长成了附属性的次要的东西。平等中的这种差异，或者更准确地说，平等概念中、引述平等和体验平等的方式中的这种差异，按照托克维勒（Tocqueville）的说法，造成了美国与欧洲大陆之间的全部差异。平等是服务于自由抑或相反阻止自由呢？且尤其是在何种环境下？重大问题依然是弄清楚当不平等现象处于弱势时，为何人们很难承受它，而当它处于强势时，人们反而更多地接受它，如像美国那样。正如大家知道的那样，托克维勒以为，平等的激情导致平均主义的专制主义，因为现代的个体更喜欢谁也别出头，而不喜欢出现差距。民主的自由自此便臣服于平等性质的命令式，而它的范围肯定受到了这种命令式的局限。这其实是平等的船帆，托克维勒以下述方式来概括它：

> 于是，没有任何人不同于他的同伙们，没有任何人可以施行某种暴君性质的权力；人们是完全自由的，因为他们所有人都完全平等。❶

平等主义就这样界定了最大的自由，亦即最大的专

---

❶ A. Tocqueville, *De la démocratie en Amérique*, t. II, 2ᵉ partie, ch. I.

制，民主化的个人，或者更准确地说，现代人可以显示出这种自由和专制。萦绕人们的差异每次都被斧削、推平，超过篱笆的鲜花被以这种或那种方式割掉。严格地说，出人头地的人只能以做其他人的代言人才能达到他的目的：他的差异归结为表达他们，而他完全属于表面上的独特性就在于没有任何独特性，但却竭力让人们相信相反的情况。在最好的情况下，他甚至很有成就并上了电视。

总之，"平等每天都向每个人提供多种小享受。平等的这些魅力每时每刻都能感觉到，且所有人都可以触及它们。最高贵的心灵对它们不会无动于衷，而最平庸的灵魂亦把平等的魅力作为他们的欢乐"。❶ 每个人都从他者身上找到了信心，反之亦然：这是"我也一样"普遍化的时代。但是应该把社会能动性处于弱势的地域和时间与那些懂得建立在呼唤来自任何方向之专长的地域和时间相区别，因为前者被老传统的堤坝所阻碍，而后者只知道个人主义，例如就像北美那样。在后一种形势下，平等明显地改变了内容。它首先意味着每个人都拥有同样的权利，尤其是拥有与任何他人同样机遇的初始权。这大概是一种奢望，但是它可以使每个人表达他的天分并希望获得与其成就相关联的报酬。反之，在一个"我也一样"的社会里，

---

❶ A. Tocqueville, *De la démocratie en Amérique*, t. II, 2ᵉ partie, ch. I.

当流通上升时，社会升迁的要求将解放人们，但不一定基于其他基础而是基于某种先决的要求本身，社会主义就是这种社会升迁要求的最明显的表达，即使社会主义的视野并不应压缩为某种向往上的平等主义，我们切莫忘记，因为在许多人那里，它代表着普遍解放的某种真正的渴望。不顾任何真实的专长，甚至罔顾它，把这种先决的要求物质化的风险是很大的。但是，如果社会流通量处于下降状态，对平等的呼唤再次改变了意义，因而也改变了方向。害怕堕落的情绪笼罩着一切，于是平等主义意味着相对于其他人的任何变化都被作为不正确的东西而拒绝，作为不公正的东西而抛弃。这蕴涵着嫉羡那些不曾失落或者上升的人们，如同人们对德国工业化时期犹太人的嫉妒那样，这个时期的德国被特定的等级和社会轮廓所缠扰。这也意味着对自己所接近的下层人士的仇恨，例如对外来移民或黑人的仇恨。由于平等主义排斥拒绝性质的粗暴言语，说话者就把自己的仇恨掩饰起来，认为外来移民其实享受了优待，他抢占了您的工作，吃了您的面包，什么也没干而享受了社会保障，如此等等。针对下层人士和上层人士的这种仇恨和这种嫉妒，事实上把小资产者的理想具体化了，当他应该论证自己的升迁时，这种理想就是社会主义的，而当他处于下降状态时便是法西斯主义的。另外，新近的许多选举都显示，一个左翼政党因为让中产阶级失望而失去了自己的选票，它看到这些选票不可忽视的一部分流向右派政党，甚至极右派政党，例如比利时1994年市政选举的情况即是这样。为了概述托克维勒的比较，难道我们不能支持下述说法，即没有社会能动性的平等破坏自由，而强势的社会能动性使平等和自由处于兼容的状态？

受教育程度高的人士越受到抑制或者越没有多大社会升迁的机遇，他们便越会借助国家以获得没有关系他们就无法获得的任命和恩惠。政治因而具有更重要的作用，直至发展到客户主义，那么很自然，社会的不满就会逐渐并不可避免地演变为权力问题，某种不再是横向的权力而是纵向的权力，直至权力本身的问题最终显现出来。

宣称以专长和杰出标准为基础的自由主义并不怎么喜欢国家，理由是国家分发和再分发工作岗位，这些工作岗位成为社会需求的对象，而社会需求恰恰逃避了社会的能动性：专长无法获得的东西，一线政治的、工会的或其他良好的关系就可以达到目的。消除这种良好关系，您就回到了自由竞争。但是，仅仅由于国家不再发挥天命的作用，自由竞争就真正建立在专长的基础上吗？当然不是，因为最富裕的人们就是最强势的人士，而力量的关系一定会代替自由主义自称依靠的杰出准则。这并不排除，随着国家的强化，社会流通渠道的某种垄断化；国家扩大了，然而它真的因此而强大了吗？它似乎更加分散了，以满足日益增加的需求数量,直至呈现为某种补偿性质的房间(或大厦)以及对日益衰弱的能动性的某种回答。不管人们愿意与否,不管国家或强或弱,它都集中于分配性的要求,后者表达为渴望从社会方面得以实现。社会所阻止的东西,政治理应允许之。我们发现,在没有社会能动性的情况下,社会流通越发生积极的变化,个体们便越倾向于要求"我也一样",这种要求将强化平等,似乎平等应该不停地弥补任何差异性的效果。总之,上述界定意义上的平等越多,人们便越要求平等;而一些人要求和获得的平等越多,其他人也就更多地依样画葫芦。

这种平等主义导致团体性的普遍化,那里更多的是取悦于大家而非说服,是人云亦云以便不害怕他们。但是每个人的内心深处都躁动着不同于他人、更好地达到目的并永远走得更远的潜在希望,由于每个人都想着同样的事情,跑步必然是没有终点的。人们只能像其他人那样生活,即使他努力不再像他们那样。人们想活出自己的本色,他们以为自己有这样的权利,于是不公正变成了维持有待填补的差异,或者仅仅建立这样的差异。嫉妒作为与不同于自我的他者的关系而普遍化了。正如尼采所预见的那样,怨恨的时代开始了。然而,嫉妒到底具化为什么呢?它相当于希望成为他者的愿望,但是问题是我们不是他者:嫉妒就是人们在自己的差异性中否认他者的不可能的虚构，以便抹杀自己的低下地位，这种低下地位使得差异既成为盼望的对象又成为不可接受的东西。嫉妒只能撕碎全身心投入的人，因为它向每个人拒绝保持自身或想保持自身的自由。它不可能拥有普遍性的价值。因而它要掩饰自己，通常躲在像正义和平等这类大的感情和大的美德背后。嫉妒对于嫉妒的行家里手之所以是不可忍受的，那是因为它表达了相对于他人的某种低下地位。嫉妒经常被排斥和掩饰。当它侵占一个社会时，专注于距离的无礼必然趋向于消失。嫉妒就像挥之不去的空气一样窃窃私语"像他那样！"当它无法自我完成时或者不能摧毁他者时，就归于失败和挫折。它产生持久的比较：人们只有做不同于自己的他者，才能成为自我。嫉妒只能自我否定，那么它的修辞就是恭维（他人）的修辞和自卑（自身状况）的修辞。那些最大的嫉妒者不停地走圆圈，从某种意义上说，他们是真诚的：他们多么希望成为自己所说的人。他们倘若不是诱惑者至少也有诱惑者的风度，而他们的猎物都经历过受害者的迷狂。嫉妒者经常把自己的怨恨更多地转移到他者所拥有之财富而非他者本人身上，但是这里切莫弄错了。假如他希望拥有他者的财富、他者的保障、他的妻子、幸福、知名度或者还有其他东西，其实，他尤其不想保持自我以便成为他者。他希望能够阻止他者成为这一切，即拥有这一切。因为这是不正确的、不公正的。由于他自己不能成为这一切，不能拥有这一切，他难道不能留心使他者不走出这个份额，这样他就成为这个份额的最小公分母，尤其是每个人都能轻易地从他身上辨认出自己来的哪个唯一的独一无二的公分母吗？这就是上述美丽的平等性：它不能带来任何东西而是限制，它不能解放人们而是压迫人们，而它将可能被压倒的多数所接受。这就是何以平等在所有的领域都受到民众的广泛支持。

没有能动性的某种社会流通宣扬的正是上述这种平等主义，当没有能动性的社会流通普遍化时，人们不可避免地要落脚于各种专长和效率的缩小，更糟糕的是，一切都将落脚于小集团的利益，后者将以愈来愈昂贵的寡头势力的身份逐渐垄断社会并使社会停滞。我们想到了这些官僚主义，其中专长的概念本身就是用功能来界定的而非用施行功能的能力来界定（"这个建制的专长……"），似乎两者合二为一，这些官僚体制的大门是关闭的，甚至保留给某党派和这种或那种等级的朋友们。当整个社会逐渐以这种方式来构建时，人们将看到工作岗位创立的逐渐停滞，或者这些岗位的减少；岗位的创立最终只能是完全临时性质的。同时，那些拥有岗位的人们紧抓他们之所有（地位），并注意排斥那些有可能比他们显得更有专长的人们。几乎成为寻求目标的日益增长的平庸化，随着继承者对继承者的继承，这在一定时间内变得不可避免。假如平庸者占了上风，他们以什么名义排除这个抑或还有那个既不更优秀也不更差的人呢？这种形势的悖论是导致它自身的毁灭。社会流通失调并陷入困境，挫折不断发展并最终占据了整个社会肌体，一般情况下，国家就会陷入赤字，况且没有任何恢复平衡的操作空间，一些酷爱升迁的阶级却只能下降。那些既得利益者于是注意自我保护，防止被不拥有的人们所伤害，于是专制已经不远了。因为需要指出的是，社会流通越是在没有能动性的基础上发生，假如大门处于关闭状态，那些上升的群体的谴责声将越强烈。没有能动性的流通肯定是造成不平衡的因素，假如它让个体们纷纷坠落，正如词源学所指示的那样，也是革命的回归（老）秩序将被某种不同的但同样好斗的意识形态所保护。须知不可避免的是，没有其他论证，仅以有权这样作为论据而满足各种位置的权力本身，恰恰会变得危机四伏，而它自己还以为更加安逸。更有甚者，饱和产生流通的下降，倘若某些群体还能达到升迁，当民主派反对那些老寡头时，像希腊人所经历的专制危险是很大的，因为专制代表某种临时性的、很脆弱的平衡状态，当它表达对那些例如依靠发财致富而逐渐填补距离并摧毁距离的人们的驱逐时，专制犹如任何自卫性质的反击一样。

深言之，不管是向下抑或向上的社会流通受专注于自由接触各种工作岗位的能动性的影响越小，这种流通越呈现为不平衡的因素，因为有效的录用标准未被认同，未被接受。历史学家和政治学家们通过专注于我们历史上曾经发生的若干大的革命活动，例如英国革命、法国革命、俄罗斯革命甚或罗马革命，发现最少悖论的现象是，革命爆发于那些一般情况下处于少数的革命家更佳状态的时期，他们倘若没有发动革命，至少鼓动并利用了革命。诚然，革命现象要复杂得多，然而，恰恰因为它并不局限于被压迫者夺取政权，那些其天分不能被承认而深受挫折的精英人士的作用，对于两极模式的支持者，才显得是悖论性的。在最终的分析中，这种模式反映了社会流量停滞中的某个落点。法国大革命的情况众所周知，但是我们可以相对于这里强调的东西，回顾法国大革命的若干中肯的元素。权力集中反对贵族，在社会阶梯中提携法律和金融界人士，他们将构成愈来愈强大的、酷爱成功的资产阶级。贵族感到自己的世袭特权受到威胁，开始反省，引述人种、血缘、世袭的年限、传播它的封闭意识并试图冻结把它扶上顶峰的社会秩序。日益衰落的王室由于财政上甚至失血，不能提供任何东西，同时还要伸手索取。冲突是不可避免的，我们提醒大家下述现象并非无用，即革命是从叫做"贵族的反击"开始的，这种叫法比较合适，其目的在于回应特权被取消的威胁。另外，这种威胁继承了一个多世纪以前就已经开始的长期衰落。❶ 国王除了他的脑袋外,最终没有什么大东西给予民众,而国家"失去了它的自主性,因为公民社会把它的各种困境和雄心带入了国家"❷。贵族反对王室,投石党人之后,王室削弱贵族;而穿越18世纪的(经济)增长在1770年发生了逆转,抑制了资产阶级不同阶层的继续上升。资产阶级也提出种种要求,因为当它的才华被君主政体等使用之后,它相对于悠闲贵族——它想模仿贵族,因为它嫉妒它——的平等要求被抑制和阻拦,贵族勇敢地斗争,试图改变百年来的衰退趋势,王室的虚弱为这种斗争提供了若干希望。

一般而言,资产阶级接受界定它所面对地位的等级,但是它努力通过人们承认的社会流通的各种渠道来改善自己的处境。然而,这种过分的追求逐渐使这些渠道本身处于危险之中。贵族及其与现行等级体系相关联的最根本的利益,确实尝试消除所有使阶级开放的东西,但是这样一来,它只能加剧与资产阶级价值的冲突。正是资产阶级的这种双重形势,它面对自己地位的暧昧感情,滋生了它面

---

❶ *Cf.* A. Soboul, *la Révolution française*, ch. III (Paris, Gallimard, 1984, 1re éd., 1962).

❷ F. Furet et D. Richet, *la Révolution française*, ch. II (Verviers, Marabout, 1979, 1re éd., 1965).

对1789年大革命的态度。❶

我们无法表述得更好了：资产阶级喜欢把自己封闭为一个阶级，但是如果它这样做了，它就将什么都不是了；于是它需要一边推动天才的自由流通，一边又把自己封闭起来，以期任何人都无法替代它。这难道不是1789年以来资产者的全部两面性吗？当平等给他带来利益时，他热爱平等；但是当其他人像他一样与他一起膜拜平等时，他对平等的评价却并不高了。然而资产阶级的目标并非和谐；它的宗旨是攀登社会阶梯，肯定不是赞同某种普遍的能动性，后者在贬低它自身的升迁时降低了它的阶级地位。❷正如艾利诺尔·巴尔贝（Elinor Barber）再次指出的那样，例如，只有当资产阶级的商业天才和司法天才不再被承认且不再允许它奢望与贵族的某种事实上的平等时，它才要求平等。换言之，在自己的升迁之路被抑制之前，资产阶级并不寻求平等。后来平等成了一个普遍用语，成了它嘴里的一个新词，这自然引导它与旧体制（l'Ancien Régime）的缆绳决裂。托克维勒十分珍惜的普遍平等的到来论点，因而应该给予细微的区别。但是托克维勒正确

---

❶ E. Barber, *The Bourgeoisie in 18th Century France*, p. 12 (Princeton U. Press, 1955).

❷ E. Barber, op. cit., p. 56.

地指出，在法国，旧体制下权力的分量远未像德国那样严峻。在德国，尽管压在人们头上的等级关系的枷锁也存在，却没有发生可与1789年法国大革命相比拟的革命运动。❶ 社会的升迁促使更多的社会升迁，最终却是差异本身被人们感觉为不可忍受，贵族一味剥削却不提供任何东西，中央政权也是同样，由于它的全部支出，它也没有什么东西给予人们。

人们可能认为法国大革命的情况是独一无二的。事实绝非如此。我们在其他革命运动中也发现了类似的形势：缺乏能动性的某种社会流通最终陷入困境，于是人们的渴望改变性质。诞生于1914年以前的俄国某种快速工业化的工人阶级的情况即是这样，那时民众的80%都在工地上。战争统一了这些人与那些人的要求。这也是英国革命的情况。英国的君主集权制比法国的发生得早，但是由占领者吉约姆（Guillaume le Conquérant）所引进的封建性将悖论性地使国王变得更弱且与他的联系更多（马克·布洛赫 / Marc Bloch）。于是，封建者不能向他们的君主寄予很多希望，他们自己经心自己的发家致富，同时注意保护自己相对于君主的自由。一段时间后，他们就变得越来越

---

❶ A. Tocqueville, *l'Ancien Régime et la Révolution*, II, 1, pp. 86-87 et p. 94 (Paris, Gallimard, 1967).

独立。新教成了欧洲追求相对于中央政权的解放运动的王子们到处都采纳的战斗的意识形态。另外，四分五裂的弗朗德勒和意大利地区中央政权的虚弱或分散性是解释它们没有采纳新教而经历了资本主义的原因（韦伯），以论证对一个束缚个人创造力和他们的自由的政权的谴责。假如我们回到更特殊的英国的情况时，我们从那里也发现，革命是对受到抑制的某种社会流通的回答。劳伦斯·斯多恩（Lawrence Stone）说❶，正是接近国王、反对贵族成员和上升中的资产阶级成员的收租人群体，站在了议会一边。资产阶级意见分歧，贵族亦四分五裂，而农民也处于1688年的革命进程之外。由于其贵族的实际力量，王权未能走向专制。然而自中世纪向君主制夺得大宪法（la Grande Charte）时起难道不就是这种情况吗？16世纪随着战争和出售教会财产而发生的，乃是有利于非常有活力的中产阶级（英国著名的绅士阶级）的财产再分配，这个阶级主要由法律人士和商人构成，他们反对古老的旧贵族和陷入困境的僧侣阶层。英国革命最终是由王室冻结社会流通❷、回归旧的等级制度的愿望而迅速促成的，即使它的贵族当时

---

❶ L. Stone, "The English Revolution", in *Preconditions of Revolution in Early Modern Europe*, éd. Par R. Forster et J. Greene, p. 64 (Baltimore, The Johns Hopkins Press, 1970).

❷ L. Stone, *The Cause of the English Revolution*, p. 125 (Londres, Routledge, 1972).

被两种愿望所分割,即反对愈来愈代替它的人们,反对国王建立极权主义的努力。

马克思主义史学家的特点是坚持把所有导致革命的发展都与阶级斗争联系起来,这种理论可以合理地应用于19世纪的英国,但是它完全改变了以前历史的社会现实。另一种理解经济和社会变化与革命之关联的更富成果的方法具化为分析地位的矛盾,依据这种理论,一个个人参与强势社会流通比例相对较高的社会不可避免地面对某种不稳定的条件……1540~1640年发生的事件,乃是属于教会和王室的财产、特富人士和特贫困人士的财富向中产阶级、上等中产阶级的大量转移。这种转移是由于战时政府对土地的出售和对垄断租地的出售;还由于通货膨胀,由于老富人的肆意消费。它还因为新富人的企业活动以及一个正在复杂化的社会对专业服务需求的增长。在这些因素之外,还需要补上清教的上升、教育的扩展,您还有权力传统占据者与正在上升的人们之间的对立的所有因素。❶

毫无疑问,英国革命是现代性最早的大革命之一。这是众所周知的事情,然而人们知之较少的是,它让我们

---

❶ L. Stone, *op. cit*., pp. 75-76.

联想到了罗马革命,后者也是对某种能动性比例很低的社会背景内部社会流通停滞的某种回答。我们发现,自公元前2世纪起,权力就愈来愈集中在向新兴力量(*homines novi*)采取关门政策的某种议会寡头势力的手中。寡头势力的巧取豪夺使农民变得贫困,他们必须起来斗争。农民人口的减少阻止他们开发土地,于是他们不得不出卖土地,而富人则享受挑战任何竞争的服务性劳动力。无需谈论侵占了意大利市场的农产品,它们使市场的价格大跌,亦即使当地农民的收入大跌,这些农民壮大了城市无产阶级的队伍。发财,贫困,这还不能造就革命。大概需要安抚或抑制种种不满情绪,总之使历史安静。垄断议会的贵族,发家致富的"资产阶级"和无产阶级,行将构成罗马共和国末期的社会风景。导致公国和帝国的革命从那些新兴力量试图占据关键岗位的意愿中喷薄而出;某种陷入贫困的贵族,追求升迁的非贵族的骑士,于是依赖于平民客户向他们提供服务,这样做是为了反对实行关门政策的寡头势力。寡头势力的封闭政策排斥精英力量进入权力,而精英力量内部,谁做了穷人的首领,谁就拥有进入权力的种种机遇,尽管寡头势力可能抵制他:马利尤斯与西拉(Sylla),凯撒与庞贝行将编织这种自相残杀的斗争。事实上,随着平民的贫困化和利用了占领行为但未进入权力机构的某种富人阶层的崛起,衰落的议会贵族的社会流通变得缓慢了。议会贵族与其他阶级的斗争是不可避免的，始终是在某种任人唯亲、禁止任何真实能动性的背景上发生的。新兴力量不再可能升迁，而议会中的精英人士束手无策，不知道如何维持他们的地位。他们各自的首领于是便相互对立。罗纳德·西姆（Ronald Syme）说："罗马革命的首领出身于破落的和理想主义的贵族，这并不是偶然的现象。"❶ 穷人将壮大这方或那方的军队，因为服兵役能够向他们提供的社会升迁今后将是那些逃避不可避免之贫困化的人们的唯一手段。归根结底，尽管西拉的专政强行纯洁寡头势力以强化它，寡头势力却逐渐地应该向上升的流通开放，革命是这种上升性流通的目的。"凯撒的专政意味着寡头势力的羞辱，上升依靠功绩。"❷

总之，程序永远是相同的：一些群体不再可能升迁，其他群体处于下降状态，从某个时候开始，不再可能出现折中。没有能动性的平等主义产生了各种要求，不可能看到这些要求的实现引发公开的反对。

整个问题就在于弄清楚这样一种分析何以能够适用于知识分子，尤其是它从哪些方面决定他们的革新性质或革命性质，他们的无礼抑或他们的无动于衷，他们的臣服抑

---

❶ R. Syme, *la Révolution romaine*, p. 28 (tr. fr. R. Stuveras, Paris, Gallimard, 1967).

❷ R. Syme, *op. cit.*, p. 96.

或他们的妥协。

三、知识分子与社会能动性

我们已经说过，知识分子是任何社会秩序的不合法的立法者。为了不出现在他所界定的这种秩序之外，他必须走上普遍性的道路，即使这是为了论证他自己的地位，即他自己的权力。这样，普遍性就是从根本上界定他的元素。

然而还有另一种风貌同样从根本上标志着他：这就是能动性原则或仅通过专长升迁的原则。那么这个或那个和尚、这个或那个教授、这个或那个作家或画家的社会出身是无关紧要的。他富有专长，他在自己的领域很杰出，这就足以使他能够在社会上升迁并得到承认，无论如何理想上如此。这是知识分子的基本信条，促使他向众多天才的平等开放，他们因此而汇聚在一起。这并不意味着知识性，或者更准确地说，这种或那种形式的知识性，在社会上处于或者曾经处于优越的地位：这种情况在历史的发展过程中甚至是变化的，并引发了激烈的社会斗争。知识分子的悖论在于他逃避不了秉持种种意识形态的立场，这些立场排斥例如其他知识分子；在这一点上，他的行为与其他阶层没有什么不同,后者通常封闭、抱团,并在它们内部聚焦于那些知名和被承认、被推崇和支持的人们,有时甚至独立于任何真正的专长。在知识分子那里,我们经常很难裁决(他自身存在的)伪托的普遍性与真正的普遍性,大概是因为对于他们中的许多人,另外如同对于社会上的其他人士一样,个体们本身就体现出分辨他们深层动机的困难性。然而有一件事情是肯定无疑的:知识分子把社会能动性作为其群体成员流通的准则本身和其重要性,以及它相对于其他社会功能之地位的论证。总而言之,作为他的合法性。这即是说,当这种能动性放缓、社会被越来越无专长、需要以这种或那种命令式提升的人士所侵占时,他心里是很痛苦的;这些命令式从升迁的反馈到不合理的伙伴关系、到所有肯定不利于卓越的东西,另外它们不会比主导岗位分配的政治平衡的普遍化更有利。这样在第一阶段,知识分子的无礼转向外部,转向严肃的精神,转向占有这个或那个岗位的不公正性,亦即不适当地占有某个位置,更严重的是,压制他人以期为自己的受挫发泄,为他自身的假冒行为报复。但是,知识分子也实践一种转向自身的批评性的无礼。于是,无礼就与揭示所有知识分子的秘密相吻合:(作为群体的)知识分子内部,以虚假杰出的名义,以某种所谓知识或者最佳情况下他们复制来的所谓知识的名义,垄断关键功能并使用他们的力量来管理那些有可能仅仅因为更优异而威胁他们的人们的升迁。因为知识分子的无礼，首先就是这种做法：最富专长的人们对那些自诩有专长的人们的揭露，当后者所享有的进入重要岗位的渠道不能突出杰出（aretè, virtù）时，他们便以自己的名讳，以他们的职位，以他们的功能而夸耀自己的专长，这些盛名通常难符真实。他的无礼就在于证实自我肯定之专长与真正专长的这种差距。这是苏格拉底对诡辩派的揭露。须知，这正是这种无礼的双重性：知识分子，即使天赋不高，也宣传专长的价值。他自视拥有专长，因为这是先天确定他的特色，即使他没有专长。那么如何决断呢？于是无礼只是内心的某种嘲笑，它仅表现为墨守成规和支持型的无礼，类似于巴黎的晚餐类型，其中的优异格调就是诽谤大家、其他人、自己的同类和同行，似乎为了更好地获得信息并确信自己不同于他人，自己更棒。所有人都是这种行径，无礼于是被取消和被中和了，或者在某种普遍化的怀疑气氛中得以完成，它宣称不再有任何东西可以补充、可以创造、可以表述，因为"我"不补充任何东西，"我"不创新任何东西，"我"没有任何真正根本的东西需要表述，另外与其他人一样，他们支持同样的事情并失望地寻求与众不同；通常通过既贫瘠又虚幻的批评。无论如何，不幸属于宣称相反意见的人，亦即人们可以超越这种富有见识的怀疑主义：这难道不是一种疯狂的自诩、疯癫和自负吗？每个人通过强调他者的局限时，都可以对自己的局限给予一些安慰。这样，任何建构都先天性地受到侵蚀，而话语只有在消除自身意义时才是真实的。建构本身变成了无礼，而非对那些经常设置障碍的人们的揭发。无礼再次转向攻击它自身，而那些本应成为无礼对象的人们，通过把它引向其他人，而达到了自我保护、免受冲击的目的。

然而，问题依然存在：所有这些放弃自己做人信念、把他们的最初雄心转向政权留给他们的通常微不足道的权力的知识分子，他们到底在做什么呢？其实，这个问题提得不好，因为知识分子与政治是分不开的。从前，他们是王公们的谋士，是王公们的土地的匿名管理者；他们对于贵族的产权没有什么威胁，因而是有用的，因为教会人士不能结婚，不会把他们拥有的遗产留给后代。他们在亚洲作为灌溉的管理者，或者在西方作为僧侣，每次都惦记着处理行政事务，惦记着很好地管理，另外以某种被荒芜的"知识"的名义，一种名讳或一种职称堪为证明。某个他人对他们的"科学"的任何超越都可能被感知为对他们杰出地位的某种凌辱，甚至是对他们所占据功能的某种质疑。如今与昨天一样，知识分子的无礼有时在于他的独特性，有时仅仅在于对这种独特性之高明的肯定，有时它还具化为对一定时代作为进身之阶的意识形态托词的置疑。

但是，我们切莫弄错了：政治功能是知识分子的第一规范，即组织知识等级本身的结构，组织它们内部运行的结构。这种现象没有任何外在于其条件的东西，它甚至是他作为社会人进入社会的构成部分。在他那里，社会流通的性质本质上是政治的，而这种情况一直如此。孔拉德（Konràd）和策莱尼（Szelényi）甚至走得更远[1]：在他们看来，知识分子过去从来不曾有过其他雄心，都是为着他们自身而运行的，这就是他们在东方那些前国家里通过政党而试图做的事情。在一个越来越被知识操控的社会，他们终于成功地进入了权力，不再需要经由与君主体制、与资产阶级或者与无产阶级的合法结盟，他们每次都把结盟的对象奉为活的普遍性。无论如何，权力需要他们以取得自己的合法性，当他们不再与权力站在一起时，他们就成了权力迫害的对象。意识形态对于社会的其他部分，犹如批评对于知识分子阶层内部一样。另外我们还可以发现，知识分子地位重要的程度永远随着权力的集中而变化，权力建构成这样不能离开某种合法性。权力越集中，君主政体或帝国越强大，知识分子发挥的政治作用越关键，因为他服务于对这种集权制的合法化，亦即用于服务。我们可

---

[1] G. Konràd et I. Szelényi, *la Marche au pouvoir des intellecuels* (tr. G. Kassai et P. Kende, Paris, Le Seuil, 1979).

以引述神权的绝对秩序或者更晚一些大写历史毫不逊色的绝对价值，然而也可以引述中华帝国及其官员，俄罗斯与它的知识分子阶层（另外知识分子这个语词来自俄语），它们赋予知识分子更大、更具有建制作用的权力和声望，超过了例如法兰西君主政体能够做到的程度，大概因为后者不像它们那么强大。但是，法兰西君主政体比英国的强大。在英国，另外一如在美国一样，知识分子的政治作用几乎为零。在议会民主中，每个公民都拥有社会公约的合法性，那么知识分子除了其藏身之地的专业领域外，只有确认这种双重观点而无其他使命。由帕斯卡·布鲁克内（Paskal Bruckner）如此卓越描述的《民主的悲哀》（*La Mélancolie démocratique*）似乎是由于这种悖论性的地位：民主性质的知识分子的使命具化为自我毁灭于自己的差异之中，因为每个公民都拥有知识分子在其他更等级化、更集权的社会里所拥有的合法化功能。于是他的作用就是论证他的毁灭，有点像康德在结束《纯粹理性批判》（la *Critique de la raison pure*）时努力把哲学家关于人的理性的言语归结为某种错误一样，这种错误一旦被他纠正，就恢复了共同理性的自然意义，恢复了它的真实力量。哲学家应该消失于自诩超越共同知性的狂言中，其实质就是展示共同知性具体的普遍性、自然限制以及先天的道德的和认识论方面的有效性。知识分子不再建构，他清除或治疗；他还要站队。

如果说知识分子的作用首先是政治方面的，这其实是很晚近的事情，至少在西方历史上如此，他把自己的功能等同于某种知识的生产或占有，我们已经说过，这种作用首先具化为使事物的某种秩序合法，在这种秩序内部，需要有合法化，即需要某种使合法化的机制。权力由于它自身的升格，反过来使知识分子的升迁合法化。这种结合并非永远运行良好：中世纪时造成教皇皇室与日耳曼的罗马神圣帝国对立的分封之争（la Querelle des Investitures）就是一个典型的例子。德国皇帝重新处于脆弱的地位，而王子们则相对于他获得自立，归根结底，新教确立这种新的权力。如同在英国一样，一场分裂贵族的自相残杀的战争之后，帝舵（Tudor）❶确立了自己的地位。无论如何，假如法国的君主政权并非如此强大，这种同样的新教本可以向法国的王子们提供很好的服务。然而，在一个被天主教调控的社会里，到底什么是新教呢？

在中世纪，唯有教会保证非贵族的个体们的社会升迁。僧侣们的命令，然后是他们中某些人所创立的大学，

---

❶ 帝舵，意为英国的都铎王朝（1485～1603），那是英国历史上最辉煌的时代之一，最后一任君主是女王伊丽莎白一世，声誉显赫。"Tudor"手表的中文名被译为"帝舵"，它的每一个系列的名字都与王室有关。帝舵表最初的标志采用了象征"玫瑰战争"的图案。后来，这一标志变成一块盾牌上画有玫瑰，之后又演变成只有一块盾牌的造型。——译者注

带着教皇皇室的恩赐,没有其他目的,唯独使教会独立于愈来愈强大的当时的政权。自16世纪起,这些命令就变得衰竭了。唯有大学还保证着普通人的升迁,并借由民族政权得到了强化,知识分子的赞美之辞由皇室转向了当时的政权。但是社会流通减缓了。于是我们就发现,最富专长的知识分子对那些旧政权的宠士、垄断了流通渠道的知识分子的无礼的上升。正如大家知道的那样,内部批评很快变成了外向的意识形态,而新教和宗教改革接替了某些人的无礼,新教最初乃是知识分子对知识分子之作用,这里指的是教会及其导致停滞的权力之作用的某种批判。我们从中看到了在大学校园内、被大学愈来愈轻视的某种知识(路德难道没有像一个世纪之前曾经在牛津大学任教的威克利夫 / Wycliffe那样在大学任教吗?)与所有级别都被愈来愈具有压迫色彩的数量有限的某种贵族所垄断的教会之间的矛盾的表达。自此,我们便这样理解,即新教影响了那些更多地依靠自己的才华而非依靠出身努力在社会阶梯上攀登的人们,在这个因素上,还要加上德国王子们希望借助处于巅峰状态的资产阶级和城市的力量,动摇战战兢兢的帝国的地位以建立他们自己权力的雄心。须知,一旦改革完成,日耳曼世界归于和平之后,法国知识分子大概是最无礼和最勇敢的知识分子。应该说明的是,17世纪浮现的德国是一个分裂为众多公国的德国,那里的社会秩序（les *Stände*）截然不同。大学每次都与创立它们的王子相关联，最经常需要的是他的行政管理。问题是要把宗教世界与学院性质的专业主义相分离：并非两次改革！大家知道，哲学从中获益。这并不影响普鲁士国家首先是一个军国，尤其关注粉碎那些已经牢固建立的君主国家，例如法国的君主政体。它的合法性归结于它的正确的反叛运动，有点像中华帝国一样，这也把它的知识分子变成了为它服务的公务人员。另外我们还发现，君主政体或帝国越集权，知识分子阶层发挥的立法作用越大，同时，作为一个独立的阶层，它的活动越服务于它全身心地忠诚的政权。我们顺便指出，它所鼓吹的意识形态自然同样以忠诚和忠实为核心。例如，中华帝国拥有自己的儒家官员，他们接受众多的考核；宣扬忠君、忠于族长、忠于父亲的孔子突出了表达正义，亦即表达绝对忠诚甚至服从的谱系价值，他本人是帝王一线的，像家族里许多兄弟一样，他寻求各种机遇和方法，努力向强权者提供建议，为的是强权者保护他们的力量。这是封建战争的时代；一个朝代代替另一个朝代，通过普遍原则而合法化的做法正逢其时。作为交换，直到1912年的辛亥革命，那些知识官员们都参与政权。被数千年节奏形成的知识分子阶层所接受并合法化这件事，并没有催生现代化和历史强加的众多变化。19世纪在中国发生的许多"反叛"活动都以科举考试中失败的知识分子为领袖，而这种情况还发生在饥荒和贫困的背景下，后者只能看到"反叛者"队伍的壮大。南北对立，反清运动；保守者与希望模仿西方的现代主义者的对立，儒家学者与那些寻求一种新思维方式的知识分子的对立，所有这一切最终都导致了毛泽东的马克思主义和列宁主义，迫使中国反对侵略，并以帝国的弱势之躯粉碎了侵略的自卫性战争，使毛泽东的马克思主义和列宁主义成为可能。于是中国从改革走向了革命。儒家大概是对封建主义的一种回答，马克思主义将作为这些新知识分子的现代化信条，社会升迁的旧制度曾经使他们灰心丧气并侵蚀着整个国家。儒家接受不平等，甚至为之论证，同时又以崇尚教育来补偿它。只要制度保证建立在能动性亦即承认专长基础之上的合理的流通，制度就是可以运行的。但是一旦这种流通下降，知识分子甚至被抛弃，有时甚至不得不像孙中山一样流亡他国，贫困笼罩国家大地时，能动性的准则就只能发生变化。制度的垮台，分裂为军阀割据的封建态势，只能最终把最有活力但抛弃了金钱的知识分子阶层抛入叛逆和革命的螺旋运动中。

如果我们从东方转入西方，会发现什么呢？中央集权越来越弱，或者很好地建立，但是由此不得不组合它的知识分子队伍，后者越来越较少以立法机制的身份面世，亦即当权力虚弱到不再可能提升它的成员时，知识分子以一个阶级的面貌与之彻底对立。专业化即内部提升准则的采纳在英国和美国比在法国得到了更好的确立,在法国比在俄罗斯和中国更深入人心。这当然也是德国的情况。一旦源自宗教改革的政权很好地建立,那些王子们不再有任何可恐惧的东西。一切都已很好地建立,知识分子不再有任何合法化的任务。王子们创立大学,直至17世纪,大学的学员主要是贵族,17世纪之后便是资产阶级了,军国此后有了其他需求和要求,也有了相对于其贵族的其他机遇。❶ 法国的形势完全不同:君主政体需要合法化,因为17世纪是其极权胜利的世纪。正如阿兰·维亚拉(Alain Viala)所指出的那样,❷ 法兰西学院的创立(1635年)是知识分子规范化的同义语,也是其保守化的同义语。作家的出现犹如把知识分子从其传统角色中解放出来的某政权的虚构。知识分子在躲过了神职人员的知识性的模式和命令式之后,变成了文人。当君主政体自身衰落并不再能够像以前那样青睐知识分子时,便失去了它在他们那里的力量,我们知道,后者与构成这种知识性的教会是首批谴责君主政体的人士(伏尔泰语)。

需要看得很清楚的是,把宗教变成某种内部事务的新

---

❶ Ch. McClelland, *State, Society and university in Germany*, p. 33 (Cambridge U. Press, 1980).

❷ A. Viala, *la Naissance de l'écrivain* (Paris, Minuit, 1985).

论道德和政治的无礼

教视野把权力从知识分子的惩罚中解放出来,亦即从那些在一定时间内就会把自己建构成极其优秀的大学学者的人们的评判中解放出来,❶他们经常是服从并尊敬"神圣的日耳曼政权"的。当后者不再有能力保证他们的社会地位不下降时,他们中的很多人走向了法西斯主义。需要说明的是,随着1918年的失败,资产阶级的和自由主义的价值给了他们一次打击,于是在这种打击所产生的对布尔什维克的恐惧症上,增添了恢复某种秩序的希望。德国知识分子参与了帝国运转所需要的某种官僚结构,得益于这种结构,基于专长和杰出的某种社会流通得以诞生,它使很多非贵族出身的人士获得了社会升迁的机会,这在1848年以前是非常困难的。❷当共和国到来之后,失败伴随着通货膨胀、贫困和地位的某种下降时,法西斯主义的尝试几乎是不可避免的。因而,当我们读到"德国启蒙(l'*Aufklärung*)的特点之一,就是在小资产阶级的新教的影响下,它很少有无礼的力量。当并非公众反抗时,就有种种论坛进行检查"❸这段话时,就不要惊奇。在这方面,德国知识分子"融入"了整体,斯洛泰尔迪克补充

---

❶ 关于这个主题,请参阅下述优秀著作:C. Charle, *la République des universitaires*, ch. I (Paris, Le Seuil, 1994).

❷ 关于所有这一切,参阅:F. Ringer, *The Decline of the German Mandarins 1890~1933*, p. 7 (rééd. Wesleyan U. Press, 1983).

❸ P. Sloterdijk, *op. cit.*, p. 75.

说，无礼则只能逃避在歌手们的酒吧间里。另外，到处出现的当代知识分子的一体化现象难道没有导致同样的结果，尤其在法国？在法国，革命的理想得以确立，知识分子变得更加四分五裂。事实上，自18世纪起，就有一种相当奇特的模仿大学的风气，把文人变成了法国知识分子的模式。正是大革命，亦即作为这样的知识分子的谴责和自立，锁定了法国知识分子相对于任意政权的它的奇特性中的命运。当大学经常局限于复制而没有补充时，独特性只能从外部鉴赏，且自伏尔泰以来，知识分子想成为权力与舆论之间的中介。但是随着大学在现代世界的作用的日益上升，尤其当大众社会到来以后，知识分子在大学以外的威信愈来愈低，他必须待在大学校园里谋生。从音乐家到画家，唯有教育可以保证收入的稳定和一定的承认。萨特和阿隆（Aron）之后，回归大学的风气使得报纸（和广义上的媒体）恰恰显示为权力与其民众之间的新中介。人们等待着记者们的警惕性和分析、调查和批评、揭示和某种舆论。正如雷吉斯·德布雷（Régis Debray）在如今已经成为经典的《法国的知识权力》（*le Pouvoir intellectuel en France*）一书中所指出的那样，大学学者的重要性亦即地位的下降导致知识分子走向了媒体，在那里，他们还要程度不同地服从于某种大众规律，即使流通和能动性处于比其他地方更强势的状态。

大学肌体的分化显然反馈到法国社会的有机性颓废：既是症状，又是因素；既是原因，也是效果。从即时角度看，它相当于权力的更迭。意识形态领域是磁性类型的：当一种引力下降时，另一种引力上升，但是磁屑并不是非本质性的。由于知识分子应该加入某种事物，他们便走向组织性亦即组织和提升的能力高的地方：最具"雄心"的知识分子去了媒体和私人资本；最"严谨"的知识分子去了国家的行政管理机构。大学的分解就是知识分子的历史性瓦解。❶

自从知识分子继政治人物之后从媒体寻找某种认可，尤其是寻找某种新的合法性时，这种合法性原则上预先就赋予他们，因为他们在某具体领域获得的某种卓越成就，或者与政治相关时获得的大众支持率，于是媒体就经常通过它们相对于原初领域的外在性，行将作为无礼潜在性的结晶，这些潜在性同时也就偏移出原初这些领域。不满和抱怨之声、事情停滞不前的披露和呼唤正义的声音，然而还有分裂精英人士的辩论和冲突等，都在"电台"（电视和广播）上得到表达。因而很自然，从前留给滑稽小丑和

---

❶ R. Debray, *le Pouvoir intellectuel en France*, p. 73 (Paris, Ramsay, 1979, "Folio-Essais", NRF).

愚人的无礼的最彻底的风貌，也是在这些地方表现出来，"木偶新闻"（les Guignoles de l'Info）或"贝白特·肖"（le Bébête-Show）是最突出的表现。这种无礼本身逃避不了自我嘲讽的危险，理由是，这些受害者民主性地相继成为他们同行的刽子手。诚然，无礼的新闻人自己也会受到嘲讽，但那永远是在体育偶像或者媒体偶像后来也屈居于平等的无礼嘲笑声的逻辑范围内。事实上，通过这种笑声，人们赋予自己被真实排除的权利并且象征性地达到了应有的水平。也许人们由此而预防了真正的揭露和被笑声搞得烟消云散的确确实实的谴责声音。因为被这些电视节目场景化的无礼者，通过他们的风貌，通过他们的木偶形式，本身是滑稽可笑的。然而在民主世界里，舆论决定一切，这使得如今像过去一样依然被承认的滑稽小丑可以代替这种舆论，而在宫廷世界里，唯有国王在取乐。媒体的无礼显示了大大不同的范围和效果。

结论。显然，无礼与对权力的依赖成反比，此外，它仅发生在社会能动性还足以强大的片刻，在这些时刻，仅以专长为基础录用人才制度的任何减缓，导致知识分子对那些没有什么专长或者专长愈来愈少的知识分子或非知识分子的无礼。无礼很少被政权或一般意义上的权力所欣赏，然而它是某种闸门，是不满情绪的某种表达，当这些不满无法得到表达时，就改变为对体制本身的谴责性的意识形态。至少当社会流通下降时如此。反之，如果我们处于上升阶段，知识分子拥有其他出路，大家都有事可干并和睦相处。无礼反映了知识分子与那些拥有其他专业或功能的人们之间，或知识分子之间的差异，尤其反映了这种差异的不可宽容性，这种无礼即使发生了，在这种大变动的世界里，无论如何也会变得平淡无奇，因为每个人都会找到他的利益所在，因为每个人都能从中找到他的份额。

四、知识分子的无礼：在臣服与反叛之间

就本质和其起源而言，无礼体现着差异，这即是说，相对于社会的其他部分，它处于相对的外在性，当社会的其他部分里知识不发挥任何第一经济的作用，像从前那样，社会就需要知识分子，因为他赋予支撑社会和谐的意识形态的肌体。知识分子是保持着差异，他的广义的政治作用使差异一定程度上变得可以宽容甚至可以尊重，知识分子本人值得人们倾听他的意见。

当社会流通按照王子的恩惠进行时，知识分子的无礼就会变得更具政治色彩和更富全面性质，亦即根据不同情况更革命或更反革命。但是那还是无礼吗？事实上，无礼意味着知识分子把玩游戏，无论如何直到一定程度，亦即

意味着他不能处于完全的决裂,例如因为他没有其他出路。这样,知识分子的无礼就更多地分布在历史的一些特殊时期。而在某些时代里,它之所以在西方比在东方更真实,那是因为专长的重要性,而非仅仅是谄媚的作用(后者的对立方首先是批评,然后是叛逆),因为这种专长被一些钻营进来并支配着其他规范基础的个体们打开了缺口;这种专长还被支持上述钻营或者无法制止钻营行为的权力打开了缺口,仅仅因为它自身已经服从了能动性以外的其他流通标准。在其他基础上而非依靠自己的杰出被提升或被承认的知识分子,很快就会从臣服转向叛逆,也许因为这些基础变得不确定而已;无论如何,知识分子内部的区分更多地是根据政治标准进行的。社会流通中的一次失落影响那些不再可能得到社会承认的知识分子们,假如这种情况依赖某种社会秩序,那么后者就成了他们抱怨的对象。而在某种状况更佳和地位更好的假设中,知识分子将更加无动于衷,更不关心政治,甚至于服从保证他们优越利益的秩序。

把能动性与流通这些概念对立起来,把这两种概念相互关联起来的好处在于,它们可以更好地捕捉如今发生在我们眼前的现象。

下述做法很平庸,即告诉人们战后的社会流通是紧锣密鼓的,直至今日,危机阻遏了社会升迁甚至社会融入的大部分希望。倘若我们更多地观察上游，甚至可以补充说，自1918年以来的欧洲历史正如比迪斯（Bidiss）所说的那样，以"大众时代"（*l'Ere des masses*）为特征。世界战争迫使政府满足最大多数的人们，哪怕是因为害怕布尔什维克像某种火药弹一样从东方扩展到西方。诚然出现过多次停滞以及像1968年那样的解禁，当时人们希望大家都有工作，例如进入大学就像进入以前的初级教育那样。这样人们就在降低要求的情况下让更多的人过关，那么同时，证书的价值也因此而缩水，就像当初初级毕业证书贬值那样。不管如今人们怎么说，尽管刚刚结束学业的大学毕业生们的失业率日益提高，这些都不能肯定当初这种大规模的开放很坏，因为通过此举，人们得以在更大多数的人群中传播某种知识的趣味和对某种知识的好奇心，而它们从前大概仅仅是纯粹的尊敬。确实，1968年之后，已经很难仅根据证书和职能向没有文化的人确立对知识的尊敬。让它过去吧。这里重要的就是要看到，由于经济的持续增长，社会流通得以上升，但是各种专长并没有成功地战胜现存的停滞现象，这种社会流通产生了最富专长的人们对那些并不像他们希望人们相信的那样专业水平很棒的人们的无礼。我们甚至看到这样的现象，即有时候，学生们敢于评说他们的老师的话，乃是同事们之间不愿说的，如1968年可以看到的那样。同样真实的是，在这一切的背

第四章 知识分子与历史,历史中的知识分子

后,我们还看到了许多年轻的狼,他们不管能力如何,首先关心打碎官员的垄断现象,以便乘上进行中的"革命"列车,但是继而仅仅占领了国民教育。

(尚)足够强势的社会能动性行将产生对那些历史让他们随大流走的人们的无礼,他们处处压低要求以更多地讨好这些或那些人。这种无礼代表着一个有利的时刻,因为它随着更多个体参与执行根据候选人和环境而易于颠覆的飘忽不定的标准而逐渐消逝,这些标准因为没有其他目的只有降低能动性的门槛而尤其显得不确定。自此,如果需要自我保护的话,如何躲避宗族、派别和力量的关系呢?当社会流通保持较高的态势时,社会流通与下降的社会能动性混淆在一起可以意味着,优秀者与不太优秀的人为伍,如同人们有时称呼的那样,他们是"继承者",或者如布尔迪厄所说的那样,是遗产的"继承者"。但是,知识分子的无礼只能下降,只能变成纯粹的形式,这相当于我们上文所谓"巴黎的晚餐"过程中所表现出来的修辞学。

无疑,知识分子的体制化——需要教书才能生活并从经济上生存——只能限制并圈定这些可能的无礼者,他们此后依赖于某种等级制度,就像从前嘲讽主教的那些年轻神甫,他们只能在某些时候和预先确定的特殊背景下才能这样做,实际上处于被限定的状态。我们还可以补充说,

一般而言，教育拥有某种一体化的功能，作为社会升迁的任何条件，同时通过把否则有可能处于社会边缘的个体们融入社会而限制了无礼。从另一种意义上说，它通过提供判断的标准和评估的规范，也论证了无礼并为无礼提供营养。青年人和妇女的无礼就来自他们的知识化，然后才演变为谴责。

其实，当社会流通把能动性压缩为愈来愈稀少的若干孤岛时，整个精神世界都发生了变化：永远以最正规形式提及的专长事实上相对于其他更具强制性的命令式，变得处于次要地位了。问题在于要尽可能满足最大多数的人群，尽可能尊重平等，有时甚至四处寻找它，或者在一切事情上都执行平等或者一视同仁地反对一切。倘若"为什么不是我呢？"或"我也一样"由此而得到了推广，那么差异就被抱怨为对有效规范的某种违背、某种侵犯和某种置疑，这是能动性在社会流通中愈来愈相对化的份额应该拥有和行将拥有的修正效果，直至于某种统一性最终占据了主导地位。其他人的同意确立为决定性的因素，因为每个人的命运都依靠他们。对于市场、大众、群众有效的东西，就是这样普遍化的。更多地需要取悦而非说服，而视同行为（l'ad hominem）战胜切题行为（l'ad rem，中肯地，得要领地）：您是谁比您做了什么更重要。在这样一种背景下，无礼重新变得危险了，甚至带有自杀性质，但是无论如何，它变得愈来愈不可能了。相对于相关领域作为青铜规律而运行的知识规范和文化规范，无礼犹如某种差距。

尽管如此，知识分子乃是并保留着无礼的本色。这是由于他一直以来既内在又外在而占据的这种微妙的地位。过于外在，被各种结构所排斥和抛弃，他只能滑向反叛。过于内在，他迷失、被稀释，被一千零一种任务所消耗，于是他甚至有可能不再感知到自己究竟是谁，不再叩问，不再置疑，不再对任何事情自由检查，而没有这种自由检查，就不可能有艺术、文学和科学领域的创新。

第五章 现代性与无礼

一、现代性的遗产

有些人认为,现代性与主体的到来、与主体从封建秩序中的解放和个人主义的诞生相契合。人占领了自身提问的核心地位,不再是上帝或世界,人接近自身彼岸的这些神圣和神秘世界仅根据人类的可能性,而人类的可能性是有限度的。主体正是应该从他自己身上汲取其行动的资源,汲取道德和政治的资源,没有它们,他就无法在社会生活,亦即无法活着。然而,主体很快发现,倘若专注于自身,他就是空转,除了专注于自身以外,他最终没有任何其他东西可以表述。根基作为真理之源泉和道德之源泉,躲过了它所建构的东西。主体是空的,这是他的全部戏剧。那么他的戏剧还剩下什么呢?换言之,什么是他的"实"呢,倘若不是他的历史、心理、社会融入和经济融入？主体之言语、关于主体的言语的崩解，为不成立的碎片化留下了空间，人文科学占领了这种空间。经验取代了哲学，哲学在紧紧抓住某种此后没有根基的根基时，不得不放弃它自身。对过去的怀念变成了它的现在。利奥塔把这种崩解叫做后现代性：主体让位于个人，亦即让位于众多核子，然而这些核子在渴望确立于世以及仅仅追随它们自身的衰落方面是一致的。这是在尼采统治的背后对霍布斯的回归：每个人的力量的意志，斗争和专长的普遍性，加上普遍主义道德的垮塌。如何超越各种对立呢，如何躲避历史及其冲击呢？当一切都是辩论和怀疑主义时，如何取得相互理解呢（哈贝马斯）？普遍性最佳时也只是主体们取得妥协时的一纸协议。

我们知道，所有这一切叫做虚无主义。唯一针对它的回答，至少是在思想方面，我在其他地方称做对普遍问题性的严肃对待。❶ 与其从叩问中看到某种有待填补之积极性的缺失、某种裂隙和某种空白，毋宁把它视为某种特别的积极性。在我们的思维习惯中，这大概蕴涵着某种革命，因为西方的全部传统都建构在回答亦即判断的支配权的基础上。理性属于对向我们提出的各种问题的回答的适当性，而不再限于形式上的、数理方面或科学方面的安

---

❶ Cf. *De la problématologie* (Paris, Le Livre de poche, 1994).

排,后者属于颁发为自立的回答,因而不再是"回答",而是归根结底仅反馈到它们自身、相互反馈的种种命题。事实上,自具体问题阶段和实质性问题概念化的阶段,思想便喷薄而出。并非因为人们没有回答而思想匮乏。反之,在其他地方获得之结果的重新调整中,经常有某种机械化的和死亡的东西,"另外"这是被当做非本质性的或次要的东西,而这实际上是基础本身,是任何思想甚至任何知识的起步阶段。因而问题性改变了它的意义,通过某种以它为核心和从它开始的思考,我们终于可以希望走出这种可能统治了20世纪的虚无主义。

其实,这种虚无主义并不扎根于哲学,而是扎根于我们时代的历史中。阿多诺曾经反问:奥辛维基之后人们还怎么进行哲学思考?我们生活在后奥辛维基时代。这到底意味着什么呢?我们需要思考不可思考之物,想象不可想象之物?怎样相信人呢?也许我们大家都死于奥辛维基。无论如何,某种欧洲随着犹太教的燔祭而消失了,而在这方面,奥辛维基也以不可逆转的方式改变了我们的世界。结果是"古老大陆的所有民族都共同丧失了力量、财富和威望",阿隆评论说[1],以解释美国上升为强国的原因。除了美国的上升外,还要补上当今亚洲的崛起。一个封闭的

---

[1] R. Aron, *l'Opium des intellectuels*, p. 232 (Paris, Hachette, "Pluriel").

社会，加上某种社会流通的减缓，一个自我封闭的政治阶级，以至于人们在投票反对一些政客时，却碰到了与以前同样的政客，反之亦然。如此这样把某种选举制度推向了极端，或者激发出一些蛊惑人心的代表，以期重新开创久已绝迹的对人们及其问题的某种聆听，通过某种虚假的经常落脚于夸张的透明度填补某种差距。

深言之，两次世界大战完成了把小资产阶级安排在欧洲社会关键岗位上的壮举。有些人支持这已经是法西斯主义之雄心的意见，1923年的通货大膨胀使大量资产阶级贫困化，使后者的所有财产都随着危机而烟消云散。这样，战争就有可能做到和平不可能做到的事情：某种强势的社会流通，由于战后的重建而几乎普及所有行业。这种重建因而只能加速从前的某种运动。这种论点似乎稍嫌过分，理由是，战后的气氛不管怎么说都是不同的。打击了人们精神的破坏和野蛮，与在东欧夺得权力的专制主义一样，这一切使得某种自由的思想和对民主的关注在西欧普遍扎根。在战后居于统治地位的小资产阶级越来越把这种普遍化的民主化等同于群众应该利用的这种普遍化的流通。这大概是悖论：小资产者以群众的规模和紧密的团队形式前进，同时他们又是个人主义者，大概是因为对纳粹主义及其邪恶的回忆。他们相信专长，相信应该有助于他们和他们的孩子在社会阶梯中升迁的教育，同时他们又以客户、联姻、交易和团体的语词思维。如果需要相对于从前的资产阶级时代来界定小资产阶级时代时，我们可以说，资产阶级的时代首先是革新的时代。它的实质是从封建主义的纽带中解放出来，从传统的等级关系中解放出来，发展一种解放人的劳动的意识形态。如今我们远离这个时代：劳动服从于某种"新的封建化"，企业中的社会关系如同与国家的关系一样，重新打上了服务的烙印。小资产阶级利用了欧洲社会的这种科室体制（bureaucratisation），它具有传统意义上的谨慎，因为它是管理者。它的精神经常以双重的方式运转，其模式便是财会思维，其中的一切都要平衡，所谓的差异其实只是潜在的同一性。而当差异不顾一切以不可抑制的方式表现出来时，它们便激起那些通常在上升时期更谨慎或者更虚心、宁愿与其他人一起前进或者以印度的队列形式❶前进的人们和其他人的嫉妒，而不摆脱对方以免置疑他们，也不被置疑。究其实，做一个小资产者，这既不是一张工资单，也不是一种起源，因为以这种身份视之，我们大家几乎都是小资产者：这是一种精神状态、一种精神态度，另外它并非没有积极的一面。作为对冷酷无情的资产阶级的反击，小资产阶级培植了平等

---

❶ 印度队列有如下几个特点：摆臂动作似乎越高越好，或者要求与自己的头顶平齐；踢腿也是越高越好，似乎不要求整齐度，各尽所能；敬礼时手心向外。作者使用"印度队列形式"一语有何寓意，请读者自己理解。——译者注

的某种普遍主义，有些人说，这种普遍主义并非不反击或削弱资产阶级所标榜的自由意义，后者经常仅是粗暴、最强者的粗暴。因而问题不是把资产阶级世界演进的这些时代的这个或那个理想化、抹黑或者体现某种错误置放的怀旧情绪：只需简单地面对现实。由于小资产者也是个人主义者，他们关注私人范畴和与他们相关的权利。他们相信专长，并通过自己的适应性和效率反映他们自身的升迁，他们甚至能够利用优秀远落后于属性的网络。悖论在于个人与整体的困难关系。每个人都尝试摆脱每个人，即不同于每个人，由于大家都拥有同样的目标，每个人的做法都与他者一样，于是便与后者没有不同。于是便出现了以标示距离、标示差异为宗旨的符号效果的缠绕现象，例如时装，时装量体制作达到了把身体当做个性本身的地步。这大概是一种幻觉，理由是，愿望以及无法做到不压缩为任何他人之自我的重要形式之一聚集在这种幻觉中。标新立异是无礼的一种方式，然而这只是一种形式，由此最佳或最坏情况下它也只是挑衅。这一切似乎可以调和鲍德里亚（Baudrillard）与利波乌斯季（Lipovetsky）的立场。❶ 前者把时尚或非时尚消费视为旨在补偿平均主义效果的社会

---

❶ J. Baudrillard, *Pour une critique de l'économie politique du signe*, p. 34 et suiv. (Paris, Gallimard, 1978).

差异化的符号,而后者则更喜欢聚焦于下述事实,即这种消费是一种群众消费,以捍卫它不是差异化的思想。按照利波乌斯季的说法,"通过物品所瞄准的东西,较少是某种合法性和某种社会差异,而更多地是私人对其他人的判断越来越没有差异的某种满足"。❶ 其实,他们两人都有道理,这说明,立即被大众广泛接受的时装也立即被超越了,每个季节皆如此。这样,它通过把差异转移到它可以表达而不威胁今后以品牌为核心的某种和谐,而保持着自己差异操作者的角色。

在这些条件下,我们很容易理解,在每个人那里,无礼既被阻止,因为他依赖于其他人,加上各种关联又被重新等级化,又记载为某种呼唤、某种替代、某种呼吸;简言之,作为其个人差异的表达,立即被吸收进他自身的限制中。让我们走得更远一些。无礼就是我们通过把自己投身在紧紧抓住我们的关联之外而能够表达的这种自由,某种仅在一定时间让人们体验的超越,这个时间指的是应该在实际中捕捉我们自己的时间。怎样真正躲避众多的网络,躲避需要我们在社会生活和专业生活甚或个人生活中承担的各种角色,躲避从国家到邻居困扰我们的种种约束呢?如何面对各种非专长,面对哪怕最低程度的不公正,

---

❶ G. Lopovetsky, *l'Empire de l'éphémère*, p. 20 (Paris, Gallimard, 1987).

面对形势收益和那些玩我们于股掌之中以利于那些各种各样之股掌的轻易性呢？有些人说，无礼其实是自由的下限，或者更准确地说，在一个每个人作为人都可以自诩拥有的哲学自由遗憾地与真实的、实际的、永远变化的、受制约的和部分的自由不相吻合的世界里，留给我们的自由程度。

二、已构成的自由与建构性自由

在许多情况下，无礼是我们的自由可以表现的形式。诚然，人们经常告诉我们，所有的人都是自由的，他们甚至在自由方面也是平等的。人们可以把这种自由叫做哲学的自由，这是诸如善良的老康德所酷爱的自由。这是一种纯粹的自由，脱离任何约束、脱离任何社会差异化的自由。在卢梭那里，处于自然状态的个体们都掌握着这种自由，或者在罗尔斯那里，那些对自己的条件"懵懂无知"的行为者们，也掌握着这种自由。这是一些无我的个体，另外勉强算得上个体，这些人是纯粹理性的人，他们因此也只知道普遍利益，普遍利益即等于他们自己的利益，因为不再有可能的差异。这些个体是一些伪装的集体，是被历史遗忘的人，是纯粹的自我，因为所有人都是纯粹的自我。让我们过渡到下一个内容。人们批评这种自由是徒劳无益的，这种自由并非没有价值。它昭示着自由的一个基本维度，即它的无条件的规范性质。在这种形式自由的旁边，有个体们在他们自己的范围内实际掌握的自由，而他们自己的范围每次都是独特的。总之，在先验的建构性的自由旁边，存在某种已经构成的自由、历史颁布的某种自由，这种名目的自由并非整齐划一。我们不是它们的主人，我们禁不住补充说，我们只是这些微型自由的真正主人，它们永远是做这件事或那件事、思考这个问题或那个问题、表述这种或那种意见（但是不是向任何人表述任何内容）的自由，等等。

无礼正是作为已经构成的自由才引起我们的兴趣。它反馈到永远服从于众多约束之游戏的各种形势所提供的操作空间。它也可以是某种失望的呐喊，因为并未真正瞄准阻止建构性自由变成实际自由的根基而无足轻重；然而这真的是它的目标吗？无礼作为局部的反抗，它是希望的反面本身，因为它聚焦于某种无力，某种轻微的风险有时会使这种无力比它呈现的那样更有效。即使无礼呈现为某种属性明确的自由的贫乏表达，当结构过于沉重时，它也依然是经常保留其本性的自由本身。归根结底，这是一个地点与时间、人员与世界的问题。

无礼在我们每个人身上犹如对差异的某种呼唤，在一个大众化的世界里,差异把我们个体化。我们之所以喜欢那些嘲笑者、讽喻者,大概是因为他们做着我们从法律上应该能够做到但却在实践中拒绝的事情。恰恰作为自由,无礼也许从来不曾像今天这样被价值化,但是在保守主义的帮助下,它也许从来不曾像今天这样很少付诸实践,尽管我们的社会一再自诩其自由本质;这种名义很正确,但是问题不在那儿。它几乎显得是不可能的,犹如自我检查一样。这样,我们就屈服于那些我们认为不可忍受的事物的形态,众所周知,这些事物的形态使我们精神紧张。

三、好的无礼与坏的无礼

在我们很小的时候,大人就教育我们不要无礼。他们无数次地向我们重复说:这很坏,不懂得尊敬。这一切意味着事物的某种秩序是可以接受的,因为是可尊敬的。这还需要它的被尊敬是有道理的,假如不再有根基,如何来划分界限呢?无论如何,也许我们可以尝试着勾画这种界限。

正如我们已经看过的那样,起初,无礼即差异:整个社会都瞄准着消灭、祭献把它建构为整体、建构为它的身份的东西。为了避免这种祭献,差异被神圣化,尽管神圣与祭献同源,然而它们之间的区别还是出现了。于是,神圣是不可触犯的,而无礼则颠覆为对作为差异因而也作为绝对超验的神圣的不敬。谁来向谁表述这些呢?"知识分子"诞生了。他只需把无礼变成某种原罪;但是人离开上帝仅仅是出于人性,为了承担这种人性,他不会同时变成无礼者吗?而为了他的最大利益,尽管如此,旨在把耻辱永恒化的原罪的重负最终加在了无礼身上。这种无礼是必要的,作为某种条件是不可避免的,它同时又受到了人们的抨击。一种从来不曾被承受的差异,然而也是根本性的。作为人一点也不容易,夹在原罪与生命之间,介于人与上帝的造物之间。无礼是不可避免的:它是权威的反面,后者是这种必要的差异,它不能忍受的那些人们从来不曾消灭它。为了让人们无论如何能够忍受它,那么就应该允许它的存在,但是要把它纳入渠道,让它偏向种种差异,后者行将聚焦外部性并同时赋予我们一种身份,以此向我们保证我们既不是愚人,也不是畸形人,因而也不是滑稽可笑之徒。但是通过这一点,无礼的价值被贬低了。人们不能像这种既勇敢又被允许表演的愚人或这种矮子那样被嘲弄,也不能像他们那样无礼;但是表演谁呢,作为主体吗?

差异在其神圣性中是安然无恙的。尊敬普遍确立。无礼是一件享有特权的事情,其表演者像从前的矮子一样,归根结底没有任何可嫉妒之处。因而它是一种恶行，是对正确差异的不尊重。于是这样的话就放出来了：催命一样的无礼把正义践踏在它的脚下。它远没有恢复它，捍卫它，而是歧视它。康德对建构性自由的尊重堪与永远复数性质的属于已构成自由的无礼相对立。然而究其实，谁是真正意义上的无礼者呢，倘若不是代表并宣称与其他人相异的这个人又是谁呢？他的预防是徒劳的，差异是最高的无礼，而非对差异的攻讦，对任何不成立的差异的攻讦，因为它是从本质上建构的。简言之，人们动摇、替换，似乎不再明确地知道无礼的目的究竟是抹杀各种差异抑或反之建立差异，为敢于宣称差异并颠覆差异的人打上它的印记。

事实上，"好的"无礼不是想压缩各种差异或者忽视它们的无礼，不是与具化为面对一切建立各种差异之无礼相对立的无礼。负面的无礼努力阻止正确的差异，阻止社会所必需并从外部用某种合法化的言语通过提议某种秩序而建构社会的差异；在这种秩序中，每个人都得到承认并精神焕发。负面的无礼旨在使这种根基虚无化，以某种不可能性的名义颠倒正义的源泉，从而建构它自己。它不承认差异，它想取消差异，于是它所抨击的对象就是试图不同于他人的无礼。这种对象包括对父母无礼的孩子，直到被没有能动性根基的某种社会流通所支配并以这种性质被揭露的小资产阶级世界里言行不同于其他人的人。那些相信对己和对于其他人都一样的人们只能感到被置疑了。正面的无礼揭露伪劣行径，置疑人们的行为，就像负面的无礼一样，但是如同人们所说的那样，为了"重新拨正时钟"。无礼的孩子仅以为可以把父母当同学一样对待并不听他们的话，他仅主张从形式上与他们平起平坐，而正面的无礼主张恢复正确的差异，因为后者被某种不符合它经常宣称的有关它自身的事物的秩序所嘲弄。诚然，正面的无礼像负面的无礼一样，也是某种不敬和置疑，然而目的并不是它自身，作为对种种差异的抹杀，它的目的是看到那些确立的差异被恢复，以建立它们的机遇性的某种视野的名义。因而它既可以攻击一种坏的差异，正如某种不正确权力所表达的那种差异，也可以攻击某种精神自残中摧毁每个人之个体性的被普遍化的同一性，这种精神自残把差异的追求有时甚至偏移到最极端的过分程度，那些用暴力强制推行的极端行为以获取高人一等的感觉。不管人们是否愿意，无礼尽管不能取悦于人，却是社会所必需的。

这一切都引导我们叩问人们不承受无礼的原因，而它实际上对于吸引人们关于权力和社会整体的扭曲运行是必需的。

四、严肃精神

任何人都不愿意承受无礼。人们永远都不相信它是合乎时宜的。他们并不把它视为对某种不正义现象的揭露,而是相反,视为某种不正义现象,我们都是不正义现象的对象,不正义被视为危害我们人身和权利的东西。然而,倘若无礼有时很有趣,倘若它甚至有可能是不正确的,但是它却揭示了我们可以欣赏的某种精神自由。即使它针对的是我们。无礼不可能绝对掌握的人,职能的重要性贯穿他的全身:他全身心地扑在了自己的工作上;职能对于他犹如一张新皮肤。他对于自己和对于其他人一个样,没有差距,没有裂痕。有些人可能认为他很实在,其他人认为他缺乏幽默,这些最终都无关紧要。他完全是他心目中想象的人,无礼则引入了距离,把真实偏移到表象的彼岸或此岸,向他反馈了某种不可想象的变异性场景。例如他者,任何他者,都表达了某种不可压缩的差异,因而也表达了不要认同投射在他身上之形象的自由。权力有时明显有利于这种态度,与害怕这种态度的程度旗鼓相当。无礼犹如某种抵抗力一样,迫使它的对象走出自我来观照自己,从自己的表象背后认识自己,衡量自己的超越程度。正是由于这种因素,愚人对于从前的国王是有用的:他们向后者揭示作为人的国王们。如今谁还敢说"国王没穿衣服"?

严肃精神回应的是坚信自己在应该所在之地的信念。作为小资产阶级对从前的命运思想或使命思想的继承,严肃精神是由坚信和自我满足的思想构成的。它鼓舞着自己不能宽容的无礼。个体们经历了多少时间自我说服并说服其他人相信他们的重要性呢?

无礼的修辞学扎根于对权威性与执掌权威者之间的和谐的置疑。另外,我们并非一定要把权威性(*autorité*)理解为权力(*pouvoir*),而更多地理解为希腊人口中的性情(*ethos*)。性情是建立在语言和说服基础上的任何活动的基本构成成分。性情修饰演说者谈论他所讨论的或者提交给他的各种问题的能力。我们不妨说,这是他的资质、他的权威性。或者更广泛地讲,他的品质:将军谈论战争的品质,医生讨论健康的品质,法律人士讨论法律和司法的品质,等等。究其实,性情就是关闭人们有权向自己提出的无限问题之链条的东西,多少有点像孩子们得到每个回答后都不停地问"为什么"的情形。到了一定时候,即一般情况下大人无法继续忍受的时候,他们就向孩子们说:"因为如此,所以如此!"于是孩子们高兴了,因为这证明父母确实是他们所宣称的知识和权威的掌握者,这是他们这个年龄所需要的。孩子通过其不停的"为什么"努力验证的，正是回答了所有问题这种强大的能量。因为是父母，那么父母的性情就具化为关闭、原则上能够关闭无限的不确定性的链条。在成年人的生活里，性情也存在，且作为原则，甚至处于任何话语行为的基础。人们不可能置疑一切，在一定时候，需要相信（性情/*ethos*，由此出现了伦理/*éthique*一词，以论证相信/la confiance）讲话者的权威性。假如有人说拿破仑是约瑟夫的丈夫，人们永远可以问谁是约瑟夫，并补充说，她是巴拉斯的旧情人，然后再问谁是巴拉斯，以至无穷。为了达到相互沟通，因而需要达到所分享的知识甚至价值的某种共同基础，人们不会回过来在这些知识和价值上争执不休，因为人们已经预设了它们。性情是建构信任并推动接受各种回答的因素。

言语通过其雄心排除问题或把叩问引向某种渠道，使其派生出新问题，或压缩叩问的范畴，因而自身承载了对任何无礼的猜疑。自我认同，作为言语模式甚至作为言语之根的肯定的权威性，陪伴着对任何可以等同于某种置疑的潜在性抨击。那么这种问题就只能是某种改头换面的、引申的、寓意性的、掩饰的论点，犹如引申义相对于本义。那么严肃精神倘若不是不断坚持自己之本是尤其不想呈现为其他事物的人又是什么呢？自视为将军的人就是将军。任何超出部分属于人们保持缄默的部分，甚至属于隐私的部分。但是，人们努力贴近自我就像量体裁衣这样一种游戏归根结底不是任何其他东西,而是对小资产者不断想显示并证明他值得站在已经到达的地位,害怕回到从前这种担心的表达。

那么无礼就是迎击这种严肃精神的东西,无礼创造这种既外在又内在、对自我本身一分为二的形态。也许是为了能够重新找到自我、观照自己并与可以视为"非基本性的缺陷"的东西相分离,后者可以解释为得过且过、忘却其他人、尤其不要从被排斥的自我中感知到他者。

接受无礼与思想的某种扩展是分不开的,在扩展的思想领域,回答与问题同样重要;在道德领域,在有关不要把人湮没在功能和功能性中的意愿方面,同样如此。

但是我们不得不发现,无礼正在走向消失。正如我们上文看到的那样,仆人、领主和知识分子一直是建构我们西方社会的三种功能或三种主要的秩序,它们不再产生无礼,大概是因为它们今后混淆在一起,程度不同地难以区分。这样,每个人就变成了每个人之合法性的拥有者,因而也变成了群体之合法性的拥有者。不再有无礼能够组织起来针对权力,因为我们就是权力。每个人都以自己的方式寻求权力,而每个人都可以从其同胞那里获得权力,这种情况是先验性的。好极了,但是对于标示距离如此必要的这种无礼并不因此而较少减少。权力不再是外在于个体的一种力量:不管是它还是他们,我们都不寻求把无礼引向某种渠道，调节它，因为我们大家都拥有权威性但又并非真正拥有。尽管如此，当我们看到政治权力割断与它所代表的群众的关系时，无礼就重新出现了，如今电视上发生的就是这种情况，因为选举徒有虚名，政治范畴似乎独立于每个人而没有真正回答他的问题。

知识、权力、工作（或金钱）构成了无礼的可能性和资源似乎聚集其中的三种类型。李尔王的滑稽小丑随着他消失了，如同唐璜死于他的无礼一样。知识分子服务于一种社会，它需要所有人都拥有最低程度的知识。不再有超越、内外能够让人们把目光投向内心。每个人都是他者的目光，由此也是对他者的限制和检查。然而人们也许会问，为什么无礼与知识、权力和金钱或工作联系在一起呢？西方社会的三大秩序知识分子、领主、劳动者或人之本性的三大耦合方式以及他的"激情"欲望、虚荣和贪婪，在无礼的分析中将做什么呢？

五、无礼的目的

无礼者寻找什么呢？强调某种似是而不应该是或者呈现为其他形态的东西。它不承认享受这种未经论证的事物的形态或个体们。问题之实质的正义按照功绩、权利和义务三大基本参数而展开。持无礼态度的下属或嘲讽他人的同事，置疑某人与某岗位的和谐。于是分配和薪酬都成了问题。在这个层面发生的无礼的修辞提出了这种自诩的、被肯定、被施行、被应用且在这里没有收到很好效果的和谐问题。因而需要遮蔽这些效果，夸大它们。

无礼的第二个目的是针对权利的。各种权利的差异受到了置疑。例如，孩子宣称可以像成年人一样、像父母一样说话和行动，似乎他与他们（在权利上）是平等的。这是对某种差异的不尊重，而差异在这里被认为是必要的，然而不敬的做法显然不是这种情况。

下面还剩无礼态度潜在的第三种要求，这种要求具化为置疑我们拥有或其他人拥有、人们实行或不实行的义务。这是无礼的宗旨。唐璜对其时代贵族荣誉的嘲讽，嘲讽它们是没有根基的义务，即是这类情况。

权利、义务和功绩之间当然是有联系的；知识分子、领主和劳动者之间，知识、权力和劳动意愿等支配型激情之间，也是有联系的。这些是人性之间的重要的关联，亦即表达了每个人与每个人之间的同一性和差异性。这影响并决定着他与他人的关系。从前被压抑的这些激情如今程度不同地自由表达着。每个人似乎都在自然而然地、不加掩饰地寻找权力。表达其高傲、虚荣和"永远高出一筹"的方式旨在表示他与其他人的差异，而后者的做法如出一辙。对于金钱的态度也一样，每个人都想要金钱，可能时要更多的钱，好像是为了验证它的"价值"。至于认识及其成果，它是性欲、把性欲排斥为纯粹知识的嬗变。知识与好色是一种奇妙的组合；有些人说是一种升华，犹如利益变成了被基督教学说永恒化的贪婪的理性表达，甚至被理性化的表达。福柯说，性或者求知的愿望。通过知识，发生了僭越，对无礼的超越，对愚昧的超越，这是教育和各种毕业证书所保证的东西。知识化的欲望，这是人们对感性与感性之物、对感官的驯服。它们获得了某种新的、毋庸置疑的积极性，这是知识自古以来所拥有的积极性；很简单，因为人们与世界的第一接触形式感觉在知识化所进行的偏移过程中，失去了它的肉感，失去了它的肉欲。毋宁说在对欲望和知识之共源性的排斥中，它们把我们带向我们之外，先于知识成为"意识的某种表语"，亦即成为它的内容和结果。但是这里也一样，我们千万别弄错了，保留给某些幸运者的知识以公开的方式，确立为所有觊觎的对象；就像金钱一样，人们越有钱，便越想拥有更多的金钱，以便保持它所表示的差异价值。

如果需要走得更远一些来定义现代性，超越把它等同于主体的支配地位，我们不妨说，此后它首先是承认对以前人们作为不道德的或理应抨击的种种激情的追求，这些激情造就了主体、他的身份以及他们之间的差异；很多人甚至把权力的欲望、对财富的拥有、对性的追求作为独立的价值和涵盖某种成功人生的种种目的。好色与知识相结合，不啻于超越自我，走向与自己截然相区别的他者、一个不是上帝的他者，所以这是原罪。有一些认识沉沦了。如今知识上升了，任何知识都是好的。对他者的私密性深刻了解，或者对其方式和数量的了解，或者还有其他内容的了解，不是对自我的背离，而是自我的完成。同样，追求自己的利益不再是贪婪的原罪，而是自我在世界上的圆满实现；用亚当·斯密的话说，在这个世界上，每个人追求自我的利益，对于所有人都是合理的。最后，谁敢肯定，人们对权力的功能迫使其掌握者所拥有的荣誉不敏感呢？

这些关键性的激情决定着我们的身份和我们的差异；它们是普遍性与个体性、我们、我与他、自我与他者的会合之地。作为空虚的形式和生命的形式，如今它们得到了每个人的公开肯定，倘若它们的内容仅仅是差异性的，通过这些"动机"之一而呈现差异（我们不再谈论激情，因为那样太被动，似乎人们屈服于主体不能掌握的某种外部性），主体们通过此消彼长，记载他们的众多差异、他们的高级地位、他们在一个平均化的社会内部的某种被普遍化的差异性的竞争中的价值。激情性就是差异得以无限确立的途径。从这个意义上说，它既是无礼得以实施的途径，也是无礼的对象。由于大家都进入了同样的追求，这就取消了对权力、知识、金钱的无礼，而追求权力、知识、金钱以便"确立它们"就变得很正常了。于是无礼就变成了犬儒主义。

而从前被排斥的这些激情之所以达到了如此被表述的程度，那是因为它们是人们之间的差异和斗争的共同症结吗？这难道不是某种倒错以及更高程度上的某种倒错效果吗？甚至知识也变成了某种工具。难道我们不应该担心人们并非在某种激情的解放中获得圆满，如同自古以来所有反对宗教的人士所捍卫的那种激情的解放，而是在这样的斗争中失去生命？人们难道不是只有从犬儒主义与回归宗教之间作出选择吗？前者在批判的同时接受一切，后者清楚地看到根本的问题在其他地方。那么在无礼中难道没有修正瞄准对象而不进行道德说教、不进行过分的道德说教的某种愿望吗？这种愿望却是可以加入任何人性的！否则难道不应该担心看到拥有很大价值的人们在这类幻想般的追求中精疲力竭，需知这类追求犹如彷徨，于是人们便无穷无尽甚至终生陷入了这类彷徨？

正是在这里，无礼重新获得了它的形而上学意义：人为了成为人而脱离了上帝，并同时向上帝归还了得之于他的东西，把他尊崇为绝对的差异。让我们冒昧建构若干对应的途径（见表1）。

表1 相关对应途径

问题	自我	他人	事物（世界、宇宙）
功能	知识	权力	财富
表达	欲望	要求	需求
生产	作品	行动	劳动
道德	（道德的根基）法律	义务（道德）	功绩（道德）
类型	知识分子（神甫、工程师等）	军人（王子、国王、政治家等）	劳动者（布尔乔亚、企业家等）

自我、他人、世界：这是自古以来影响人的形而上学的重大问题。无礼是一种要求，要求人们在社会秩序内部给予他们（它们）以应有的尊重。这样，它就是社会性与形而上学的汇聚之地。通过无礼，差异、各种差异都重新找到了"公民权"。而基础的差异就是那些界定我们的差异以及把我们与其他人和世界联系起来的差异。相对于它们理应是什么，无礼所贡献的，就是对它们的不尊重。这就解释了正确要求的三大支柱：尊重我们权利的东西是正确的，向功绩支付报酬的做法是正确的，满足于责任和义务的东西是正确的。而无礼是在接近人际关系的具体情况下，提示这种或那种过分，或这种或那种缺失。例如，当我们看到某人自诩知道他并不知道的东西，肯定他认知很差的东西时，倘若我们是无礼者，就会忍不住以这样或

那样的方式，把他的自吹自擂变得无足轻重。或者还有：某人占据了一个他显然很不擅长的岗位。在第一阶段，这大概只能引起一些严肃的叩问。最后，某人发挥了某种权力，他自认为很严肃；于是民主性质的无礼就是不可避免的了。

但是让我们说得明确一些。倘若说民主赋予无礼以权利，那么视每个人都是以其他人为模型的保守主义很少预设叩问。然而即使这样，惩罚的风险仍然比其他体制下小得多。但是，敢于无礼、敢于这样想的事实本身比以前更少了，或者成为例外。很简单，因为自我更弱了，因为每个人都努力做到在种种选择上让自己放心，深言之，他不敢肯定它们都是好选择。这种脆弱性在于当代个体经常把相对于他自身选择的一种差异视为对这些选择的某种真正的置疑。他不能承受这一点，有时候，这甚至使他害怕。

保守主义之旁是犬儒主义。一旦每个人都可以公开承认并自由追随自己的激情，诸如对金钱的兴趣或对权力的兴趣时，这些激情仅用来通过无穷无尽的拍卖价格即t时刻的掠夺性价格标示与其他人不可能的差异。后果是，所有人都进入同样类型的竞跑，对后者的揭发就没有意义。究其实，犬儒主义就是对这类条件下最大可能的距离化的表达：对虚假知识、名分、荣誉、关系、金钱的所有这些追求也许都是幻觉性的，但是"需要玩这些玩意"，"因为世界就是这样运转的",等等。简言之,此后仅针对目的以及仅针对那些承担这些目的的人们的不适应的无礼跌入了平庸,犹如对大家行为的某种置疑,包括对自我行为的某种置疑。

结 论

无礼的悖论使得人们既不能摆脱它,也不能接受它。需要把它礼仪化,而演出场面承担了这第一个功能。深言之,无礼者永远给您不在您的位置的印象,给您瞄准您的言语和角色的印象。他似乎没有严肃对待基本的问题。好像他能够在您的上空翱翔,或者通过透视而揭示您的秘密,或者更多地揭开您的面具。通过一声微笑、一种讽刺,有时甚至一个简单的语词,或者他所拒绝的强加给他的某种路径。于是人们就会躬身自问,自己所做的事情是否真有道理。从透过角色而揭示人的面目的角度而言,无礼摧毁人的风貌,人们有时作出很多努力并承受很多屈辱而达到不能宽容揭示自己真实面貌的场面,不能宽容对待自己的变化以及自己宣称有权之事物的置疑。

无礼者任何时候都处于社会秩序的边缘,因而也处于建构这种社会性的基础功能的边缘:某种滑稽小丑,某种愚人，也许是一种仆人；一个领主，一个强者，一位首领；一位置疑明显存在的道理以及宣扬这些道理的人们的知识分子。如今，至少从权利上说，我们大家都多少带有一点所有这些角色的样子，而由于民主，无礼也许与施行它的权利一起熄灭了。然而，倘若我们深刻地思考，就应该重新找到无礼的这种意义：正是通过它，距离化和自由才得以实施，批评意识才重新激励起来，拒绝也开始了。社会充斥着不合理地阻滞它的人们，他们自以为占据这些位置是有理的，或者还想占据更高的位置，这些自诩是货真价实的自以为是，有待于揭示它们的这些面貌。

无礼者的目光是无辜的，无礼是理想者的声音，如果说它也不尊重差异，但却与某种绝对平均主义相反，那么后者一定时间内就会扼杀好的无礼，无礼对于所有社会包括我们的社会都是须臾不可脱离的，它的不可或缺性却并不因此而减少。无论如何，一种无礼并不代替解决方案，大概是因为它并不自诩为某种置疑以外的其他东西。

无礼？它也许是如今赋予正义以公正的唯一方式，也是把各种差异重新带回它们的正确尺度的唯一方式，不管它们确立为过度还是缺失。无礼？对于动摇各种坚信不疑的态度和社会欺诈行为，也许只是一种微弱的和有限的方式，但比人们一般想象的更有效，尤其当我们想撼动那些我们出于弱势或者试图省事而让他们掌握我们命运的人们时，更是如此；这些人并没有掌握我们命运的真实能力。但是有时候我们也会犯错，假如我们的无礼造成某种损害，请不要忘记，像孩子一样，人们永远只能在练习自由的过程中，才会学会自由。